韧性思维

克服恐惧，疏导焦虑，强力复原

[美] 约翰·德马蒂尼 John Demartini 著

Conquer Your Fears, Channel Your Anxiety And Bounce Back Stronger

THE RESILIENT MIND

中国青年出版社

图书在版编目(CIP)数据

韧性思维：克服恐惧，疏导焦虑，强力复原 /(美) 约翰·德马蒂尼著；胡玉荣译.
—北京：中国青年出版社，2024.6
书名原文：The Resilient Mind: Conquer Your Fears, Channel Your Anxiety And Bounce Back Stronger
ISBN 978-7-5153-7223-5

Ⅰ.①韧… Ⅱ.①约… ②胡… Ⅲ.①成功心理-通俗读物 Ⅳ.①B848.4-49

中国国家版本馆CIP数据核字（2024）第010858号

韧性思维：克服恐惧，疏导焦虑，强力复原

作　　者：[美] 约翰·德马蒂尼
译　　者：胡玉荣
策划编辑：刘晟男
责任编辑：于明丽
美术编辑：杜雨萃
出　　版：中国青年出版社
发　　行：北京中青文文化传媒有限公司
电　　话：010-65511272 / 65516873
公司网址：www.cyb.com.cn
购书网址：zqwts.tmall.com
印　　刷：大厂回族自治县益利印刷有限公司
版　　次：2024年6月第1版
印　　次：2024年6月第1次印刷
开　　本：880mm × 1230mm　1 / 32
字　　数：126千字
印　　张：7.75
京权图字：01-2023-1892
书　　号：ISBN 978-7-5153-7223-5
定　　价：59.90元

目录
CONTENTS

前言

坚韧是一种智慧

PREFACE

当你碰到艰难、困苦或挑战时，你需要多长时间才能从中恢复过来？又能恢复到何种程度？

当你遭遇考验和磨炼时，你又需要多长时间才能恢复到原本的样子？

当你经受几近极限的磨砺时，你的灵活性、柔韧性或者可塑性又有多强？

当你直面逆境时，你是否还能展现出超乎寻常的适应力？

你真的有临危不惧的勇气和坚定不移的信念吗？

你是否能从挑战和挫折中涅槃重生呢？

如果你觉得自己无法适应这个不断变化的世界，那么你的痛苦将可能与日俱增，你也更有可能触发一个心理按钮，被求而不得之失和避无可避之得弄得心烦意乱。

忍耐和坚韧是塑造美好生活必不可少的一部分。当你能够沉着冷静地消化掉那些令人震惊的消息时，也就标志着你已经成为了一个拥有智慧和自控力的成熟稳重的人。不管在何种境遇下遭受挑战，都要有勇气和胆量保持或恢复泰然自若的状态；对于想过上好的生活并居于领导地位的人来说，这是不可或缺的品质。

真正重要的不是发生了什么，而是事发后你的反应，即你的看法、你的决定和你的行动。它们能给你力量，并且你也有能力掌控它们。掌控好这些受神经系统驱动的程序可以让你成为命运的主人，而非既往经历的受害者。

你的大脑里有两个重要的区域，它们影响着你面对外界刺激和突发事件时的行为表现和反应模式。其中一个是杏仁核，这是一个情绪中心，有时也被称为“欲望中心”。当你处于生存模式或对生活产生过度的（有时是愚蠢的）情绪反应时，它就会上线。因其反应速度快及为主观感知到的紧急情况而生的特点，它的反应有时会被称作“系统I思维”。它会在思考前先做出反应，是事后聪明的温床。它主要负责冲动、本能和短暂满足感。它更多的是出于本能，而非深思熟虑；它更多的是狭隘的，而非豁达的。

因为这个欲望中心更主观、更片面，所以它通常更容易产生极端情绪，并常常与刻板的绝对准则有关。当你追捕猎物（支持目标的机会）或躲避狩猎者（挑战目标的威胁）时，它就会火力全开，分配情绪效价或负荷，并致使多巴胺和/或肾上腺素升高。这会加速衰老并降低你的免疫力。衰老是缺乏复原力的表现。事实上，所有的情绪都是缺乏复原力的表现，因为它们是激烈的而非中立的。

第二个区域是前额叶皮质，有时也被称作“执行功能中心”。当你精神饱满，凡事考虑周全并总能明智预判时，它就会发挥作用。因其做出反应的速度比杏仁核慢，有时又被称作“系统Ⅱ思维”。它的存在是为了让你拥有更平衡的认知，做出深思熟虑的决定，采取实用而有效的行动，制定有意义的、客观的策略，追逐长期目标。它为远见卓识和深谋远虑的诞生提供了场所。它总是先思考再行动。前额叶皮质更多的是对启发性长期愿景、战略性规划、风险的降低、计划的执行以及自我管理负责。

因为这个执行中心更客观，所以它就更中立、更具适应力，且不易患得患失。它会平衡你的神经化学物质，管理并提高你的自主调节功能和免疫功能。由此产生的阿尔法波和伽马波会让大脑的其余部分与心脏同步。在这一区域，还会产生更高层次的耐心、镇静和韧性。

那么，如何唤醒你的执行中心呢？

答案就是：根据你的优先级去生活。

你有一套自己独特的价值观或优先等级体系——价值排序——指导着你的日常生活。你会不由自主地激励自己去做、去完成价值清单里那些代表着最高价值的事情。在这些事情上你最自律，最可靠，也最专注。你不需要外在动机来鞭策自己行动，因为这些事就是最重要也最有价值的。你会自发地去执行那些优先等级最高的事项。

当你用优先等级高的行为填满自己的时间时，你的血糖和血氧会流向执行中心，你会变得更具策略性、更客观、更坚韧，你会唤醒那位可能正蛰伏在你体内的天生领导者，你的生活将不太可能充满令人苦恼的挑战。

但是，当你无法掌控自己的时间时，当你未能根据自己最高优先级生活时，那些优先等级低的事情就不可避免地出现了，而且还有可能将你淹没。你也会更容易被外界的机会主义者和消磨时光的分心事所影响。你的血糖、血氧将开始更多地回流到杏仁核，触发一系列僵硬的、带有主观偏见的、不受控的生存反应。杏仁核以及肠道大脑产生的相应冲动和本能将会开始左右你的行为，激发出效果差、效率低的应激反应。下丘脑和垂体会刺激你的肾上腺分泌出大量皮质醇；应激反应会缩小你的时空视野，触发及时满足的生存反应。此时，你会先行动再思考。你将不得不通过事后反思、反复试错和不断摸索来学习，而不是通过先见之明和深思熟虑的战略性规划来学习。你的感知、决策和行动的效果都会比较差。你变得易受外界环境的影响，不再追求内心的渴望和灵感。

最终，你的韧性取决于你能在多大程度上根据自己的优先等级体系去生活。

通过制定清晰明了的优先等级日程表，并标记出优先等级最高的事项，然后依此行事，你可以把生活过得十分精彩，感觉自己站在了世界之巅。你度过了属于自己的一天，不管等待你的是什么，你都可以在结束了一天的行程后，更具韧性地回到家去面对这一切。

如果你让对外界挑战的感知来支配自己的反应，那么你将一整天都在处理那些优先等级较低的分心事。你会变成一头灰熊——随时产生过激反应——无论是在外面，还是在家里。

本书提供了大量与大脑相关的细节——它是如何运作的，你要怎样利用大脑的功能去创造出自己的最佳生活状态。你将学会如何确定自己的价值排序，以及怎样将其付诸实践，从而为生活赋能，去创造性地实现人生目标，并让自己更具韧性。

你自己、你的同事以及你所爱的人都值得你成为最真实的自己——那个随时可以复原并时刻准备着去鼓舞、去引领、去示范的你。因此，将你的每日事项按优先等级排好序吧，把优先等级较低的事情委托给那些愿意承担的人去做；拥抱那些最重要、最有意义的事情，拒绝其他的事情；让自己用韧性和智慧去掌控自己的人生。

本书会展示给你该怎么做。以下是你将学到的一部分内容：

- 如何确定自己的价值排序
- 依照自己的最高价值来生活会获得什么力量
- 如何通过改变大脑功能来提高你的韧性
- 如何在不用药的情况下摆脱抑郁症
- 如何疏导焦虑
- 如何走出丧亲之痛

有这样一对夫妻，他们有三个小孩，丈夫经常加班，而妻子则待在家里照料整个家庭。于是，在妻子的价值观里，最重要的就是她的孩子、孩子们的教育和健康以及这个家，而丈夫的使命则是工作以及为家庭提供经济支持。

第1章

你的价值排序

Your Hierarchy of Values

韧性是按优先事项生活的自然产物。让我们看一看你自己的价值排序，以便理解此句的真正含义。

每个人都有其独特的价值排序：第一重要的事情，第二重要的事情，第三重要的事情，等等。你会不由自主地去关注那些在你的价值排序中居于最重要地位的事情；而对于那些排在次要地位的事情，即使你关注过，频率也会很低。你是否注意到：你会寻找时间或者创造时间去做那些对你来说最重要的事情，但是你似乎不会抽空去做那些没那么重要的事情。

我不相信拖延症真的存在。当一个人看着另一个人说，“天哪！他好拖沓啊”，这个人正在把自己的价值观投射到他人身上。其实，另一个人只是在按照他自己的价值排序生活。你可能会给这样的人贴上“懒惰的拖延者”的标签，但事实上，他们当时只是在做对他们自己而言重要的事情。他们也许只是没有做对你来说重要的事情。每一个个体都倾向于自发地去做那件对自己而言最重要的事情，而不是那件没那么重要的事情；虽然它可能对你来说正好是最重要的。通常情况下，当你给别人贴上拖延者的标签时，就意味着你正在把自己的价值观投射到他们身上，期待其按照你的而非他们自己的价值观来生活，而这是徒劳的。

有时候，误解会导致我们给别人贴上错误的标签。然而，事实上，每个人都是在按照自己的价值排序生活——他们总是根据当下他们认为能够带给自己最大利益的事情来做决定。他们的价值排序决定着他们的命运，而你的价值排序则决定着你的命运。随着时光的流逝，有一些价值观会改变，而有一些价值观则会更稳定。那些长期引领你生活的价值观可能会被你称为核心价值观或者更持久的价值观。

你的价值观会决定你看世界的角度。在此，请允许我用一个类比。假设，有这样一对夫妻，他们有三个小孩，丈夫经常加班，而妻子则待在家里照料整个家庭。那么，在妻子的价值观里，最重要的就是她的孩子、孩子们的教育和健康以及这个家，而丈夫的使命则是工作以及为家庭提供经济支持。

假设这对夫妻此时正好路过一家商场，妻子就会根据自己的价值体系来过滤她的感知。她会注意到玩具、孩子们的外套——任何能够帮助到这些孩子的东西。她从整个环境里选择性地注意到了那些东西。而丈夫则会注意到《福布斯》杂志、电脑以及其他可能在事业上助自己一臂之力的东西。他们都是在根据自己的价值排序来选择自己对周围世界的感知。妻子可能不会注意到商业机会，而丈夫则可能不会注意到孩子们的衣服。

他们都没有错，他们只是不一样。生活的独特之处是通过我们的价值排序表现出来的。事实上，价值观没有对错之分，只有类似与不同之说。我曾有幸与成千上万人沟通，以观察他们的价值体系。但到目前为止，我尚未发现两个完全一模一样的价值体系。我们的精神本质可能是一样的，但我们更现实的外在存在形式和价值体系却又是独一无二的。

注意力和电子游戏

另一方面，价值排序还影响着我们看世界的方式。你肯定听说过注意力缺失症。每一个被贴上“注意力缺失症”标签的孩子都有相应的“注意力过剩”症状。每一种注意力缺失症状也都有其对应的注意力过剩症状。

这是什么意思呢？它指的是这些孩子可以坐在那里，全神贯注地玩九个小时视频游戏而不分心。他们知道游戏里的每一个角色或每一个人，每一次位移和行动。他们有时甚至还能用照相机般精准的记忆力记下一切。在自己最在乎的领域，他们真的会患上注意力缺失症吗？不会。相反，他们会在这些方面拥有高度集中的注意力。他们有自己独特的价值排序。

在教育孩子这一块，那些正经历着失败和沮丧的老师可能还没有学会这门依照孩子的价值排序来交流的艺术。有时候，他们给孩子贴上标签，是因为他们自己还没有掌握这种更尊重他人——从孩子的价值排序出发——的交流形式。不论他们怎么做，孩子们都会立马察觉到。

20年前，我在澳大利亚的布里斯班遇到过一位母亲。她16岁的儿子总是沉迷在视频游戏和电脑中。她是一位单亲妈妈，工作十分卖力。她觉得是时候让儿子出去找一份工作了。然而，她生活在一个完全不同的精神世界，期待着儿子能从事一份送报纸之类的工作。而儿子却不这么认为，因此她就雇用了我给他做咨询，以帮助他回到“正轨”。

我走进他的房间说道，“你妈在不停地指责你，是吗？”

“是的。”

“你在干吗呢？”

“我在开发一款视频游戏。”

“听起来很了不起。你是不是在这方面拥有十分娴熟的技能？”

“是的。”

“你喜欢做这件事情吗？”

“我喜欢玩视频游戏，也喜欢为游戏设计软件。”

“你知道怎样把这做好吗？”

“知道。”

“那你很擅长做这个，是吗？”

“是的。”

“愿意不愿意把你最近在做的展示给我看一下？”

他向我展示了自己做的东西。我说，“这真的很精巧。你真的很擅长做这个。”

“我知道。但我妈理解不了。她甚至都不知道怎样打开电脑。我想，正如您在最近的一次谈话中说的那样，这就是为什么她想压制的就是我要表达的。”（也许你不知道，有时候孩子们会专攻父母压制的领域。）

当我走出房间的时候，这位母亲问我，“你说服他了吗？”

“没有，我录用了他。”现在，他快35岁了，已经在为IBM这样的公司工作，年薪25万美元。

独裁无法让你从自己的孩子身上得到想要的东西。你应该弄清楚的是鼓舞着他们的是什么，给他们足够的关心，同时理解并尊重他们的价值观。只有这样，你才能用对他们有意义且有助于实现其最高价值的方式传递出你的想法，让他们做你想要他们做的事情。

当你的孩子被要求上某些课程或者参加某些社会活动时，如果能从他或她的最高价值出发来传递这些课程和活动的目标和意义，他们将会变得更专注。没有人会因为受到鼓舞而自发地去上一门课，除非他们认为这是在实现自己的最高价值。一旦看到这一点，他们就会渴望去学习并且渴望学好；反之，他们就不会专注，只会想出去，逃离这无法让人满足的所谓的教育经历。

关键是要足够关心自己的孩子，并以此种方式去和他们交流。我曾经在南非的亚历山德里亚开设过一门课程。这是一个经济上十分落后的地区。刚开始，这里的高中毕业率只有27%，一年后，我们将其提升到了97%。当我们让学生明白这些课将怎样帮助他们实现自己最在意的个人价值时，情况就发生了改变。我帮助学生们确定了自己的最高价值，同时也帮助老师们确定了自己的最高价值。然后，再帮助他们把这些课程与老师的最高价值以及学生的最高价值联系在一起。这之后，为了加强彼此的交流和尊重，我又把学生的最高价值和老师的最高价值相互联系在一起。毕业率从27%变成了97%，是因为学生们自发地想去学那些对他们来说最有意义、最重要的知识；但是，倘若学生们看不到这些课正在如何帮助他们实现自己最在乎的价值，他们就会关闭大脑，不愿学习。

作为家长和老师，明智的做法就是尊重孩子和孩子们的最高价值观，而不是专制地迫使他们去违背自己最在乎的东西。如若不然，孩子们最多在短期记忆这一方面取得成功：通过考试，但永远都不会真正地因受到启发而去学习。我相信每个孩子都有天赋，我也曾亲眼见过天赋是如何被挖掘出来的。一旦你知道怎样让他们专注，并在尊重的基础上管理好他们受更高价值驱动的学习体验，天赋就会显现出来。

我们的价值排序决定了我们的认知和行为。价值清单上的重要部分会被安排得更有组织和秩序。而面对低价值的事情时，我们更容易处于无组织、无纪律、分心和混乱的状态。换言之，价值越高就越有秩序，价值越低则越混乱。

没有什么能真正让你从位于自己价值体系之巅的事情中分心。你会为了它牺牲掉任何价值较低的事情。一位把孩子放在最重要位置的母亲会在自己的孩子出事时丢下工作。反之，如果在她的价值观里，最重要的是赚钱，那么即使孩子生病了，她也会去上班，因为工作对她更重要。这并不是说孩子不重要，而是说这位女性的价值排序决定了她的行为和反应。再者，人人都可以尝试去实现自己认为最重要、最有意义的目标，并按自己独特的最高价值体系去实现它们，这件事情本来就无所谓对与错。

每当我们认为自己能够实现价值清单上的最高目标时，我们就会变得更有力量、更具适应性、更坚韧。孩子们也一样。

婚姻：互补

如果某事在你的价值清单里排名靠前，那么你通常可以与一个此项在其价值清单里排名靠后的人结合，从而拥有稳定、互补的动态关系。结婚不是为了找到那个和你一模一样的人，而是为了找到那个与你互补的人。这个人正好拥有你所缺失的那部分特征；他（她）会爱你，能填补你的空白，让你觉得更圆满。事实上，你们俩只是看起来缺少了某些东西，实际上什么都不缺。也正是这些表面上的缺失影响着你们俩的价值排序。

如果你只是为了幸福的一面而步入婚姻，要知道这只能是一个幻想。结婚不是为了享乐，而是为了把我们缺失的部分找回来，从而获得圆满、实现意义并达成目标。

你的目标主要体现出你的最高价值，部分体现出你的第二价值和第三价值。你不需要任何人来鼓励你去做自己价值清单里最重要的事情。在我看来，激励和鼓励不是一回事。激励是当你与自己的最高价值高度一致时，你了解自己，并自发地依其行事。鼓励则是要努力成为别人，因此，只有外在的影响或刺激能够让你坚持去做自己正在做的事情。

你的人生使命就是与自己的最高价值保持一致，并依此生活。你可以通过一系列识别价值观的因素弄明白它们是什么：那些你在私密的个人空间里做得最多的事情，那些你花费了最多时间和金钱的事情，那些最让你激情澎湃的事情，那些最能支配你且与你向往的生活息息相关的思想、想象和内心独白，那些你和他人交流得最多的事情，那些最激励你的事情，那些你坚持得最久且正在实现的目标，那些你最愿意自发学习的内容。

走进我的办公室，你会看见很多书。很明显，我在乎的价值之一就是学习和研究与人类行为、意识进化相关的宇宙法则。我不需要任何人的鼓励，就会去做这些事情，因为它们本来对我就很重要。但是，你们可能会发现，像烹饪、开车之类在我的价值清单上排名靠后的事情，我就需要鼓励才会去做。

再次声明，当我们正在实现对自己最重要的目标时，我们会拥有最强大的复原力，变得最坚韧。

人生的智慧就在于学会如何把价值清单上排名靠后的事情委托给他人去做，同时弄明白自己价值清单上排名靠前的事情是什么，并持之以恒地去做这些事情。然后，你就可以把价值较低的事情和价值较高的事情联系起来，从而更好地激励自己去做那些不怎么重要的事，直到你能够将它们委托给别人去做。例如：在我能够把它们委托给他人做之前，暂时做着这些价值感低的行为，履行这类职责和义务，能够怎样具体地助我实现目前自己价值清单上的最高价值、最高使命或最高目标呢？

智慧就是密切关注你爱的人，并识别出他们是如何填满自己的空间的，如何花费自己的精力、时间和金钱的，他们的对话，以及他们爱学的内容。可否拥有一段相互尊敬的、圆满的婚姻关系取决于你能在多大程度上了解伴侣的最高价值，尊重它们，并以它们为交流依据。

当你的行为与你的最高价值一致时，你会获得更大的激励，你会爱你所做，且做你所爱。

有这么一个故事。一个妇人在自家门口看见三位留着长白胡须的智者，便上前问道："敢问各位是何方神圣？"

其中一位回答："这位是财富，这位是成功，在下是爱。你丈夫在家吗？"

妇人回屋告诉丈夫，屋外有三位智者。丈夫说，"何不邀请他们进来？"

于是，她便出门邀请他们，但智者说，"我们一次只能进一个人，所以请在我们中间选择一位跟你进去吧。"

妇人再次回屋问丈夫，"我应该请谁进来呢？"

"请财富进来。"他说。

"不，我觉得应该请成功进来。"

此时，他们的女儿说："不，请爱进来吧；这个家需要更多的爱。"

妇人道，"也许女儿是对的。那就请爱进来吧。"于是，她走出去说道："爱先生，我们想先请您进去。"

爱站起来往里走，其他两位也跟了过来。

妇人道，"我以为你们一次只能进来一个。"

"没错，如果你邀请了成功，那么只有成功能进去；如果你邀请了财富，那么只有财富能进去；但是，你邀请了爱，我们就都能进去，因为无论爱去哪里，成功和财富都会跟随。"

换言之，当我们认清自己的内心并跟随自己的最高价值观行事时，我们就正在逐渐与个人天地里最激励人心、最有意义且最令人满足的事情保持一致。我们自然会吸引到那些最能产生共鸣的人、事、地、物，它们能够帮助我们拥有圆满的人生。

许多人终其一生都在四处游荡，很少关注他们自己。但是，正如古希腊的德尔斐神谕所示，“认识你自己。”等我们认清自己的最高价值时，就会明白为什么我们会做出这样或那样的反应，以及为什么我们会给一些东西贴上这样或那样的标签。我们也会知道自己的使命是什么，因为我们的使命就是表达和实现我们的最高价值。

当我们践行自己的使命时，不管发生什么，我们都能坚韧不拔、随机应变。

启发时刻

与自己的最高价值一致的标志之一就是受到启发。你是否在看一场电影或者听一首乐曲时，因感受到某种共鸣而满眼含泪？在那样的时刻，明智的做法是识别并记下你当时的想法以及那些启发了你的语言和歌词。在那样的时刻，那些歌词对你而言有着特殊的含义。

回顾我自己的人生。我曾经搜寻出从前，甚至当我还是一个青少年时，给我带来过启发的音乐，买回并重温那些磁带和CD。当我再一次因被触动而流泪时，我记下了那些让我流泪的歌词。然后，我在罗列这些歌词的时候发现：它们就是我如今在自己的研讨会上分享的那些重要理念的雏形。

因受到启发而流泪的时刻，是你最真实地做自己的时刻，也是你与自己的最高价值协调一致的时刻。你的生理机能和心理机能在给你反馈，让你知道：自己受到了启发，正在稳步前进，泰然自若地做着真实的自己。每当你有这类体会时，请把它识别出来；识别出那些启发着你的话语；弄清楚当时自己的脑海里正在想什么；然后，围绕这些实质性内容构建你的人生，看看自己会因此而变得多么具有适应力，多么有力量，多么坚韧。

挚爱清单

写下已知的挚爱事项有助于表达你自己的人生使命。我称之为挚爱清单。它不是一时的痴迷，痴迷是不切实际的、无法企及的幻想。它是你内心深处知道自己会倾心去做的事情；这些事可能已经伴随在你左右很多年了。从你已知的开始，努力前行最终触及你的未知。这样的话，你的已知会扩大，你的未知会被已知吞没。坚持把它们写下来，然后反复阅读、不断打磨。

我是17岁那年开始这样做的。当时，我有幸遇见了一位伟大的老师，并在其帮助下明白了自己余生想做的事情是什么。就是现如今我正在做的这件事情。经过数次编辑后，我当时写的文字变成了这样：我要致力于研究与身体、心灵和灵魂相关的，特别是与治疗相关的普遍法则。我想环游世界并分享我的灵感，成为一名老师、疗愈师和哲学家。我把这些写下来并阅读了成千上万次，然后将它们付诸行动，肯定它们，并始终专注于它们，不断打磨它们。

为了逐渐弄明白自己的使命，请从你的已知开始，并让其不断扩大、不断完善。起初，它可能会有些模糊易变，但最终会稳定下来。

对自己说："我现在正在揭开自己服务于世界的使命——宏伟壮丽的、最激励人心且最有意义的使命。"

许多人生活得微不足道而非举足轻重。但是，当我们与自己的最高价值协调一致时，当我们被自己最真实的状态指导和引领时，当我们因受到鼓舞而流下眼泪时，当我们的智慧开始闪烁出微光时，举足轻重就会降临。

如果你不去界定自己一生想要做的事情是什么，别人就会为你界定。只有自己精确地定义好自己想要的人生，才不太可能让别人来代替你去做这些事情。

掌握并设计好自己的人生，可以让你活得更明白、更坚韧。

那年，我大约4岁，负责拔院子里的杂草。每次刚一拔完，又得重头开始，因为那是让人抓狂的莎草。我刚拔完院子这一边的莎草，另一边的很快又长出来了。

我们家隔壁住着一位可爱的老太太，我们叫她格拉布斯夫人。她是一位80多岁的小个子女士。她那美丽的后院花园里有很多花和蜂鸟。有一天，格拉布斯夫人从篱笆上探过头来告诉我："约翰，如果你不种花，你就得永远拔草。"

我们家车库里有一袋利马豆，于是我就在房子周围每四英寸的地方种了一些豆子。不久，整个房子就被豆杆包围了。虽然我的父母是非常有耐心的人，也知道我是一番好意，但房子周围满是豆子的情形可能还是会让他们感到沮丧，因为他们不得不吃掉这些豆子。

同样，如果我们不在自己的内心花园里种花，我们就得永远拔草。

让我们坚定地告诉自己："我值得；我至关重要；我应当花时间和精力去了解和完成自己的使命；我在观察自己的价值、灵感源泉和想要做的事情，并专注于这些优先事项。"

为了让这个使命浮出水面，你接下来得好好回顾自己提供过的服务或从事过的职业，你在这些过程中做过什么，并且找到它们背后的共同点。当你列出自己涉猎过的每一个职业时，你会发现它们都有一些共同的元素。人生的质量取决于我们提出的问题的质量。如果我们问的问题可以深入到与自己内心相连的共同点，那么我们的内心就会揭示出我们的使命。

在识别使命的过程中，写下所有被我们当作榜样的人的名字——那些我们仰望的人，那些我们曾经说过"我想像他们一样能做好那件事"的人，这样做很有价值。我敢肯定每一个人都会有自己的偶像。列出他们的名字。同样地，你会发现这些榜样人物也有共同点。其实，他们身上那些被你所钦佩的点也存在于你自己身上，只是它们正等着被识别出来，然后被认可。

我酷爱阅读伟人传记——任何在历史上留下过不朽影响的人的故事，无论这些影响属于散文界、诗歌界、科学界、哲学界，还是其他领域。我爱阅读这些人的传记，是因为我认为且相信："如果他们能做到，那么我也能做到。"同时，我也关注那些战胜困难的人。我也爱阅读和他们有关的图书，因为这样做能给我带来新见解，激励我去战胜自己所感知到的挑战。我会去寻找在哪些方面，自己也曾做出过同样程度的相同行为。我自己也拥有他人身上那些被我钦佩的特质，因此我会在自己的意识层面做出更多的反思，我会提醒自己："我身上什么都不缺。它们只是以我自己独特的形式存在着。"他们中有许多人都被嘲笑过，有时还被激烈地反对过，这也给了我鼓励。正如爱默生所言："伟大的人往往被人误解。"（这对我很有帮助，因为我并不总是那么容易被人理解。）

另一个有用的做法是每天阅读你的挚爱清单，同时对自己说："我正承担着一个激励人心的宏伟的使命。在这个世界上，我有一件有意义、有力量且极其重要的事情要做。"倘若你相信自己来人间走一遭是为了做一些重要的事情，那么你的人生就真的会变得重要起来。如果你设想得微不足道，你实现的目标就微不足道。如果你想得大一些，你实现的目标也会随之变得大一些。因此，请开始明确和界定自己的宏伟使命吧。行动起来，闪耀出坚韧不拔的光芒吧。

渴望不朽

在你人生的最后时刻，你不会愿意去想，"没人知道我是谁；没人知道我曾留下过什么样的影响。"你的体内有一种渴望，渴望贡献和不朽。我们有一种既荒谬又合理的愿望，希望自己的肉身能够尽可能长久地活在世上，若有可能，最好是能获得永生。大多数人相信，人死后会有一些信息以某种形式被保存下来。也就是说，我们身心的某些部分渴望着永恒表达。精神上，我们渴望获得永生。思想上，我们也渴望做出贡献，给他人留下一些能在我们的肉身消失后仍存于世的观念。我们希望自己的事业比自己的寿命长。我们不想让它消失。我们想把它传递下去，传给自己的孩子或者传给为我们工作的人。我们渴望能将这份事业生生不息地延续下去。经济上，大多数人更愿意在咽下最后一口气之前还有很多的钱，而不是，在剩下最后一个钢镚时还有很长的命。

还有一个愿望就是拥有比自己长寿的后代。我和年近百岁的祖母一起慢跑。（虽然速度很慢，但她还是坚持在跑。）我问她："年过九旬后，您面临的最大挑战是什么？"

"我的子女比我先去世。"这就是事实：她的一些子女的确比她先去世。事实上，她的内心渴望着永恒，想让孩子们活得比自己长。

另一个目标是对社会产生一定的影响，从而让自己被记住而不是被忘记。当然，肉体上，我们希望自己这具皮囊能尽可能长久地行走在世上。我们对永生有着强烈的向往。

那么，我们要如何做才能产生不朽的影响呢？首先，我们应该确认建立在自己的最高价值上的使命。聚焦于自己的使命就好比用放大镜聚光：会给我们的生活带来热情，并点燃我们的激情。与索然无味、毫无生机时的你相比，充满热情的你能吸引并迷住更多的人。那些决断力强、有能量、有激情的人，那些被自己所做的事情激励着的人，往往也可以吸引到更多的机会，产生或通过涟漪效应间接产生更长久的影响。

一个足够充分的理由

为了在这个世界上留下巨大的影响，你需要一个非常充分的理由。

在我最近的一次研讨会上，一位先生说，“我真的很想做这件事情。”

“你想做这件事情多久了？”

“噢，大约有10年之久了。”

“你还没有开始做吗？”

“没有。”

“那么，”我说，“你其实并不是真的想做这件事情。”

“您是什么意思？”

“如果你真的想做这件事的话，你就会去做。因此，你可能只是在试图过别人的生活。”

当你有充分的理由时，你就自然会找到相应的方式方法。如果你没有充分的理由，那自然也就不会有相应的方式方法。

《经济学原理》的作者阿尔弗雷德·马歇尔说过，任何程度的人类动机都可以用经济来衡量。我们能够精确地权衡驱动你前行的因素是什么，以及花多大的代价可以促使某个特定行为开始或结束。

假设你是一位烟民，我给你2000美元，让你接下来的10分钟都不抽烟。你会说，“我可以做到。”那么，如果我给你2万美元呢，你能做到一个小时不抽烟吗？

倘若你未表明自己的梦想或拖延着不去实现它，这就意味着实现梦想所需要的行动步骤在你的价值清单里排在别的事情后面。如果我说“若你能在接下来的48个小时内完成这件事情，我就给你100万美元”，你觉得你会去做吗？金钱刺激会暂时提高它在你的价值清单上的地位。重点是，假使我给你一个充分的理由去开始那些实现梦想所需的行为，你就会这样去做。当理由足够充分时，方式方法就自然会出现。

不管你说你想要做的是什么，只要能将其与自己的最高价值联系起来，就可以增加你做这件事情的可能性。如果你这么做了，你就会受到更大的启发，变得更坚韧，并拥有更大的影响力。

我来解释一下原因。有时候，我们会把最真实并与最高价值相符的自己称作心灵和灵魂。我们越听从它们的声音，得到的激励就越多；得到的激励越多，视野就越宽广。恐惧和内疚会限制我们的发展。爱和感恩则会扩大我们的发展；它们会带来心灵深处的激励。感恩是一把打开心门的钥匙，让爱与灵感慢慢显现。同时，它还能扩大我们的意识，让我们看见更广阔的时空，让我们在无论遇到何种惊吓或干扰时，都能变得更加坚韧。

我们只有在拥有一个高于自身的目标时才能改变自己，否则将被习惯所禁锢。倘若你想改变自己，就必须拥有一个高于自身的目标或使命。如果我站在这里演讲的时候，总是担心你们会怎么看我，我关注的就是我自己，就无法向你们交付出好的内容。但是，如果我关注的是你们，就不会注意到自身状况。只要我关注的是你们，即便此刻我歪着衣领、敞着拉链都没有关系，我不会因此而中断思绪不知道自己要讲什么。

因此，如果我想改变我的家庭，那么我就必须唤醒一个至少和我所在的社区一样大的目标；如果我想改变我的社区，那么我必须拥有一个和我所在的城市一样大的目标；如果我想改变我的城市，那么我就必须拥有一个和我所在的州一样大的目标；如果我想在这个州里做到第一名，那么我就必须拥有一个国家级的使命、一个国家级的视野和一个国家级的目标；如果我想对我的国家产生影响，那么我就必须拥有一个全球视野、一个全球目标；如果我想在我们居住的这颗星球上留下全球性影响，那么我就必须拥有一个宇宙级的目标。希腊人嘲笑苏格拉底和柏拉图教年轻人学天文学，但是其实他们只是在努力让年轻人习惯于从天的角度思考问题，从地的角度回望过去。

常言道，我们是拥有物质体验和地球体验的神灵生物，而非拥有精神体验的物质生物。然而，我们更倾向于从地的角度而非天的角度来思考我们的人生。当我们坐在这里向外眺望时，会被浩瀚无垠的景象所震撼。但是，当我们扩大自己的意识和影响力，走出地球向内回看时，这个世界就是我们可以塑造和创造的。因此，如果我们想要对这个世界产生巨大影响，明智的做法就是唤醒一个宇宙级的视野。

爱默生在其散文《圆》中说道，真实的自我或灵魂会不断地引导我们走向越来越大的同心球，并且让我们在思想上拥有越来越广阔的时空视野。我常说，我们内心最深处占主导地位的思想所拥有的时空视野广度，决定着我们的意识进化水平。如果我们从街头流浪汉的角度以日为单位去思考问题，那么我们的进化就会很小、很局限。如果我们以周为单位或者以月为单位去思考问题，我们仍然会受到某种程度的限制。思想上的时空广度取决于我们愿意在多大程度上倾听那个最真实的自己给出的激励。我们越试图生活在别人的价值观里，允许由此而产生的友爱、恐惧、羞耻感或自豪感来支配自己的生活，我们就越会限制自己。真正的智者往往拥有更开阔的视野，更容易受到启发，并且会从永恒的角度思考问题。

如果我们想履行自己的使命并做出改变，明智的做法是向内探索，去发现、扩展和激励我们自己。我们可以把自己想要去做的事情和对我们而言最重要的价值联系在一起。我们不会在激励自己的事情上拖延。我们只会在价值清单上排名靠后的事情上拖延。

你也可以随身携带自己的挚爱清单——你想实现的目标列表——不断扩展和完善它。我从1972年开始列自己的挚爱清单。现在它是一套33卷的书，陈述着我的梦想和使命。每天，我都会读电子版的或纸质版的清单。我明白了：如果把手伸进胶水瓶里，胶水会粘住我的手；如果把头埋进伟大不朽的作品中，并将其思想添加到我的挚爱清单里，其中的一些思想就会扎根在我的大脑里。如果我坚持把给过我启发的内容都写下来，这些启发就会越来越清晰地显现在我的人生里。

我们是世界的共同创造者，按照自己最受启发的确定性和表达方式统领并塑造着这个世界。拥有最强表达力且最能集中注意力的人会从周围的世界中汲取到资源来实现自己的目标。

那些倾听自己内心最真实的自我或灵魂的人会扩大自己的视野并从这个更广阔的视角向内探求。如果你每天阅读清单上的使命并不断优化它，你就会很清楚，你添加的那些细节将减少你可能会遇到的障碍和挑战，因为每一个被你忽略掉的细节都可能变成挑战。

你内心最深处占据主导地位的思想就是你最外在的、可触碰的现实。

你的视野越清晰，你的韧性就越强。

呼吸

曾经有一位年轻人对苏格拉底说，“苏格拉底，我想成为一个有智慧的人。我想学习你拥有的一切智慧。我想了解并成为你眼中的智者。”

苏格拉底带着这个年轻人来到沙滩上，然后带他走进海水里。最后，苏格拉底说，“你想要学习？”

“我想要学习一切，我会专心致志地学习，”这个年轻人说道，“我会成为您最得意的门生。”

苏格拉底将他的头按进水里，待他开始有点扭动挣扎时，把他提出水面。这个年轻人说，“苏格拉底，我是认真的，我想跟你学。”

“哦？你想学习？”苏格拉底再次将他的头按进水里，一两分钟后他开始乱踢挣扎着求生。

最后，这个年轻人终于挣扎出水面说道：“苏格拉底，你到底要干什么？你太疯狂了。我只是想跟着你学习，但你却似乎想要我的命。”

苏格拉底再次将他的头按进水里，两三分钟之后他瘫软了下去，苏格拉底将他从水里捞了出来，让他平躺在沙滩上，给他做心肺复苏。等他吐出海水恢复知觉后，苏格拉底说：“当你像渴望呼吸一样渴望学习时，我才会教你。”

当你拥有一个充分的理由并将其与自己的最高价值联系起来时，老师就会出现。引领、创造力以及其他所需的一切也都会显现出来。

赋能与失能

想一想。如果有人走过来狠狠地批评了你，那么等你回到工作中去时，你很有可能会分心，不是吗？任何让你迷恋或憎恨的人都会消耗掉你的精气神。他们掌控着你，让你因为分心而失去能量。如果你允许自己迷恋上他人或憎恨他人，你就是在允许这些人干扰你并压制你。此时的你没办法由内而外地掌控自己的人生，只能任由你对他人产生的那些不平衡的认知掌控自己。这种无意识的失能会让你变得情绪化、充满疑虑并容易受到幻想或惊吓的干扰。

如果你把别人捧上神坛，你就会贬低自己，把自己放在比他们低的位置上。但是，当你把他们拉下神坛并否定他们时，你也会害怕他们卷土重来，因此你还是会受到影响。任何时候，只要你把自己置于他人之上或他人之下，或者把别人放在自己之上或自己之下，你都是在让自己失能。当你把别人放在自己之上或自己之下时，你对他们错误的认知就会掌控你。那些被你捧上神坛的人终将跌入谷底；而那些被你贬入谷底的人也终将被你捧上神坛。但是，就在你把他们置于一个平衡的位置上并在你的认知中意识到这一点时，你就让他们走进了自己的心里。因为关心，所以你不会夸大或缩小他们的价值，你也不会把他们捧上神坛或贬入谷底。事实就是，他们都值得被爱，但是没有人应该被贬入谷底或者捧上神坛。

我们既可以给自己赋能到可以表达出这种平衡认知的程度，也可以让自己失能至评价别人时把他们捧上神坛或贬入谷底的地步。如果我们想给自己赋能去履行自己的使命，在世界上产生影响且变得坚韧，明智的做法就是掌握这样一门艺术：不被自己对他人产生的错误认知所左右，同时努力保持认知的平衡。如果你能提出让自己的认知保持平衡的高质量问题，你周围的人就无法掌控你，你就可以掌控你自己。此外，那些认知最平衡且最懂得去爱的人，就是游戏规则的制定者。

爱的两面

处于一段感情关系中的你，有时会被对方深深吸引，有时又会排斥对方。你喜欢他们，你讨厌他们。吸引，排斥。“靠近我”；“滚出我的视线”；“不要离开我”；“别烦我”；“宝贝，我需要你”；“保持距离”。我们在这个所谓的有条件的爱情动态中来回摆动。吸引和排斥就是有条件的爱的两面。有时，你会把所爱之人捧上神坛；有时，你又会把他们拉下来。这一次你支持他们，下一次你挑战他们。你喜欢他们，你讨厌他们，你在这两种状态之间来回摆动。

感情关系都会这样左右摇摆，除非你拥有完全平衡的认知，或者正处于无条件的爱中。彼时，你会拥有神圣的、坚不可摧的亲密关系。其余时刻则会被自己对外在幻象所产生的认知而驱动出情绪化的内在幻象。被赋能的、认知在线的、坚定的人可以平衡地统觉[①]。倘若你无法平衡，那是因为你拥有知觉垃圾。假设你输入的是垃圾，那么你输出的也会是垃圾。

我们与自己及身边人的关系可以糟糕到让我们认知失衡的程度。这些关系也可以稳定持续且提供足够的“良性应激”（一种有意义的、健康的压力）到我们能同时平衡它们的程度。这就是我们给自己赋能

① 统觉：有意识地感知，完全意识到。——作者注

的方式。此外，识别他人的价值体系，足够关心他人，并按照自己的最高价值和他人的最高价值来沟通交流，也可以给自己赋能。

有一种被称为谨小慎微的状态，它意味着贬低自己的价值，强调别人的价值。此时的你努力地取悦着他人，如履薄冰。还有一种被称为粗心大意的状态。此时的你自以为是地认为自己的价值更重要，把你的价值体系投射到别人身上，并觉得他们“应该”依此生活。

此外，还有一种被称为体贴的状态。此时的你在尊重自己和他人的最高价值的基础上进行着沟通和交流。你平等地尊重着双方的最高价值。这种公平的、持续的价值交换是保持长久关系的秘诀。它可以创造出韧性、耐受力和沉着的心态；而其他方式则会导致波动的、情绪化的状态。

如若你把他人捧上神坛，你就会臣服于他们的价值体系。当你听到自己说“我应该这样做”或者“我应该那样做”的时候，你就是在把别人的价值观投射到自己的人生中。你在贬低自己，把自己置于某个外在权威之下，让这个权威和它的价值体系支配并管理着你的人生。记住，你的价值排序决定了你的命运。试图过别人的生活是徒劳无益的，最终还可能会致命。正如拉尔夫·瓦尔多·爱默生所言：“嫉妒是无知；模仿是自杀。”如果我们设法按照别人的价值观去生活，我们会好奇为什么自己无法保持积极主动的状态；其实，这是因为我们在努力成为那个不是自己的人，并与对自己而言真正最重要的事情背道而驰。这种不适感源于我们在尝试着把内心深处的矛盾表达出来。

按照自己的最高价值去生活，无需任何外在动机。然而，努力按照别人的最高价值去生活，则需要无数外在动机。如果你把别人捧上神坛，你甚至可能会认为他们的人生比你的人生重要。这个星球上的许多人都在这样做，让自己不知不觉间成了殉道者。

天平的另一端：你可以自以为是地认为自己更大、更好、更内行，傲慢地否定他人。你没有把他人的价值观投射到你的人生中，而是把你的价值观投射到了别人的人生中："你应该这样做"，"你应该那样做"。这也是徒劳无益的。

在上述两种情况下，你都会失能。处于失能状态下的你将不能有效地实现自己的人生理想或履行自己的使命。试图按照别人的价值观去生活的你不太可能履行并实现自己的使命。只要你贬低别人，他们就会在你的脑海中占据时间和空间，掌控你的人生。然而，就算你高看他们，他们也会掌控你的人生。自我实现不是贬低或仰视他人，而是把他们放进自己的心里，按照激励你自己也激励他们的原则去沟通交流。

赋能领域

人的一生有好几个领域可以自我赋能。第一个便是精神领域。在精神上被赋能的人可能是特蕾莎修女和马丁·路德之类的人，也可能是任何一个具有内在驱动力和精神使命且其使命在启发中不断发展壮大的人。

每个人都拥有能激励他们自己的精神使命。罗丝·肯尼迪写过这样的句子，"我的人生使命就是养育一家子世界领导人。"那正是她受到启发去做并致力于做的事情，也是她的宏图大志。我们要用感恩的心回馈这个世界，感谢我们所拥有和创造的人生。

第二个可以赋能的领域是思维。通过发展我们的心理力量，唤醒我们的天赋，按照我们的最高价值来求知，我们可以触发注意力过剩机制，它能够让我们拥有更高清的摄像机般的头脑。

有时候，你遇见一个人。半秒之后，有人问你，“那是谁？”你说，“我也不知道。”有时候，你遇见一个人，他的名字能被你记10年之久。你不会忘记那个重要的、与你在乎的价值有关的人，但是你会立刻忘记那个不重要的、与你在乎的价值无关的人。与和我们无关或无法与我们的最高价值联系起来的人待在一起时，我们会感到坐立不安；而对于那些和我们有关或与我们的最高价值联系紧密的人，我们可以和他们在一起待好几个小时。

亲吻自己的爱人时，两小时像两分钟；等待货运列车时，两分钟像两小时。当你与自己的最高价值步调一致时，时间会过得很快；但是，当你与自己的最高价值背道而驰时，时间就会过得很慢。我们的情绪会曲解时间和空间，并让我们失能。如果我们拥有平衡的认知并看见事物的秩序，我们就会处于一种稳定的、在线的、赋能的状态。如果我们听从心灵的指引，在思想上获得平衡和启发，我们就可以给自己的精神生活赋能。

第三个可以赋能的领域是职业。我们可以通过发现自己擅长的贡献范围和服务范围——我们的职责、使命或专长——来为自己的职业生涯赋能。我们的身心能够完成最激励我们的使命；我们也能够掌握必备的技能。就我而言，这项使命就是教书、研究、写作、治愈和哲学。这是我最精通的事，也是我喜欢做的事。我可以日复一日地在办公室或工作室里待到凌晨三点。我在做这些自己最喜欢的事情时，无须他人提供任何外部激励。

不管你信与不信，你都已经取得了伟大的成就或者说成功；但是，每个人所取得的伟大成就都基于他们自己独特的最高价值。曾经有一名医生走过来对我说，“德马蒂尼博士，我需要你帮助我变得更成功。”

“好的。你在哪方面是成功的？”

“我还没有成功。我需要你帮助我变得成功。”

我再次问道，“你在哪方面取得了成功？”

“德马蒂尼博士，你没有听我说话。”

“不，是你没有回答我的问题。你已经在哪方面取得了成功？”

“我没有取得成功。让我看病的人为数不多。”

“那么，你在哪方面取得了成功呢？再想一想。”

“我想我和妻子的夫妻关系是成功的，我们相处得十分融洽。是的，我想我和儿子的亲子关系也很成功。我是他们棒球队的教练。今年我们可能会赢得联赛冠军。我的岳母住在我们家。大多数人都没办法和自己的婆婆或岳母相处，但是我和岳母相处得很好。我在教堂做兼职牧师也做得很成功。是的，我想我的确取得了一些成功。”

“你知道吗？你已经在自己最在乎的领域里取得了成就或成功。你的成功刚刚好，不多不少。但是，如果你改变自己的价值排序，你就会拥有另一种形式的成就或成功。”

他把自己与另一名他认为成功的医生做比较。我问他，“这名医生的弱点或者所谓的失败的地方在哪里？”

他深思后意识到，那个人没有像他一样拥有和谐的夫妻关系和亲子关系。

“你愿意和他换吗？”

“不，不愿意。我喜欢自己目前拥有的一切。”

“尊重、感激并喜爱自己目前所做的和所拥有的一切，因为这样做时，你会获得更多值得感激的东西。”

这个人最终意识到他需要的不是成功。他只是想改变自己当下所拥有的一部分成功的形式。如果你改变自己的价值排序，你就会改变自己所取得的成就或成功的形式。如果你一开始就意识到自己是成功的，你就不会再去寻找成功。倘若你要向银行借10万美元，首先他们会要你提供价值10万美元的抵押物。如果你能提供这样的抵押物，他们就会给你这笔钱。同样地，当你意识到自己已经成功的那一瞬间，你的人生和这个世界就会以你真正最在乎的形式赋予你成功。你否定它的那一瞬间，是在徒劳地试图获得你已经拥有的东西，只是你还没有意识到它的存在，因为你在设法创造一种和别人的价值体系相符的成功形式。你把他人的价值体系捧上神坛，却忽视了自己的价值体系。一旦确定了自己的最高价值，你就会明白自己已经在哪些方面取得了成就和成功，因为你是按照自己的而非他人的价值排序来生活的。

我一生都在致力于研究如何最大化人类的思维模式，挖掘他们的潜能，寻找普遍规则。此事无关对错。我只是拥有一套独特的价值体系。别人可能会把自己投身到完全不同的事情上去。他们也许会看着我想，“噢，他很成功。”我也可能会看着他们想，他们很成功。或者我们也可能觉得彼此都不成功，然后就想把自己的价值体系投射到对方身上去。

爱的双边

真爱不是只有美好、善良、甜蜜和积极的一面。真爱既美好又邪恶，既善良又残忍，既积极又消极，是一种支持与挑战并存，和平与战争交织，合作与竞争兼具的情感关系。一旦我们将爱重新定义为一种由生活里的许多互补因素交织起来的平衡状态，就会意识到自己一天24小时都被爱包围着。但是，只要我们寻找的是单面的爱情形式，那么我们就会终其一生都在寻觅，并很有可能错过它。

人们来找我，说：“德马蒂尼博士，我正在寻找自己的灵魂伴侣。我希望他们能支持我、友善、令人愉悦，当然还要漂亮或帅气。”这个人期待的都是好的一面，就好像试图把磁铁切成两半，只留下其中的正极。磁性意味着拥抱整个磁铁——积极与消极、吸引与排斥、美好与邪恶、善良与残忍、愉快与沮丧，“我喜欢你”与“我不喜欢你”，“来我这里，宝贝”与“滚出我的地盘”。

假设你在工作中获得了支持，人人都认为你是最棒的，那么伴侣就有可能是那个等你回家后批评你的人。但是当你心情低落时，伴侣又有可能是那个帮你振作起来的人。爱情不仅是为了享乐或给予支持，而是为了让你保持平衡和均衡的状态，从而有助于你做真实的自己。

倘若你太膨胀了，伴侣就会把你拉回到平衡点；倘若你太沮丧了，伴侣就会让你振作起来。伴侣会压制住你的自负或冲刷掉你的自卑，以便让你进入你自己的内心世界。

如果你沉迷于快乐不愿意接受痛苦，你就会认为自己的爱情关系有问题；而实际上，它却运行良好。真爱是一个协同平衡的行为。最爱你的那个人会希望你能振作起来或者放低姿态，从而回归到你自己的内心。骄傲自满会让你变得自以为是，引来悲剧、批评、挑战，让你遭受令人羞辱的境遇；放低姿态则能带来喜剧、表扬、支持，让你遇见有助于树立自尊心的事情。我们进入自己内心深处的那一瞬间，就会发现我们此刻爱着的那个人也正无条件地爱着我们。

在脑海里想一下这样一个画面：一家四口坐在一辆正在行驶的车里。父亲和母亲平和地坐在前面，女儿和儿子——哥哥和妹妹——则在后座打架。他们在尖叫、嚷嚷、互相戳来戳去。

最后，母亲转过头说："约翰尼、安妮，请不要再打了。"几秒钟之后，他们又开始打了起来。母亲再次转过头说，"我已经告诉过你们不要再打了。"几秒钟之后，他们故技重施。母亲说，"难道我没有告诉过你们不要再打了吗？"又过了几分钟，他们再一次打了起来。

这时，正在开车的丈夫让气氛变得紧张起来。他靠边停车，走下来，责骂了两个孩子。

现在换坐在前面的父母开始紧张地争吵起来。"也许我们对他们太严厉了。"

"哎呀，如果你这样做了或者那样做了的话……"

此刻后座处于和平期，而前面则正在激战。车子继续前行，父母也开始平静下来。就在他们平静下来的那一瞬间，后座的孩子们又开始斗嘴、争吵了。

家人之间是一种兼具和平与战争、合作与竞争、支持与挑战、美好与邪恶、善良与残忍、愉快与悲伤、吸引与排斥的关系。这并不意味着家庭功能的失调。一旦你体验到了爱的完整表达，明白了爱的双面性，知道每一位家庭成员都在有意或无意地帮助其他家庭成员保持平衡和真实的状态，你就会发现这是一个功能完全正常的家庭。

我们一天24小时都被真爱包围着，无法回避。这真是一个伟大的发现，但是当我们寻找的是只有好的一面的爱情形式时，我们就会终其一生都在寻找我们无法找到的东西。

为了感知到各种情况下的爱，重新定义爱就变得很重要了，它可以让我们拥有一个更平衡、更现实的视角。佛说，努力寻找、求而不得之物和设法躲避、避无可避之事是我们痛苦的根源。如果我们寻找的是单极磁铁，我们最终会认为“我永远都不可能找到它”，因为这样的寻找是徒劳的。

另一方面，爱一个人就要按照对方最在意的价值来沟通交流。例如，在销售过程中，你要弄清楚顾客最在乎的价值或者他们的首要购买动机是什么，并从对他们而言最有意义、最有价值的角度出发来阐明产品或服务的重要性。

在一段感情中，爱一个人类似于做销售。忠诚、信任、投入不是由对方提供给你的。你们之间的关系更像是你帮助他们完成对他们而言最重要的事情，实现他们的最高价值，他们似乎也会以相同的姿态回报你。你不用怀疑，他们肯定会更忠诚地、更值得信任地、更投入地实现自己的而非你的最高价值。

倘若我愿意在交流的过程中表示尊重，提供一些与我的伴侣的最高价值相关的东西，她就会表现出忠诚、投入的状态。我就可以在那些最能满足她需求的事情上信任她；然而，我也只能在属于她的最高价值范畴里的事情上信任她，至于在其他的事情上则无法信任她。我有责任按照她的价值观去和她沟通交流，而不是期待她能跳出自己的价值体系或者活在我的价值体系里。

这不仅适用于伴侣，也适用于世界上任何其他人。当我背离他们的最高价值时，他们就会试图限制我；而当我按照他们的最高价值来沟通交流时，他们就会给我自由。我们会产生这样的幻觉：生活中碰到的每一位给我们带来这种体验的人，都会让我们觉得那不是爱。

有人支持你的时候，就会有人在挑战你。好好回忆一下，自你记事以来，那些在你的人生中给过你巨大支持和挑战的人，把他们的名字列出来。当你觉得某个时刻有人对你很好或过分刻薄时，问一问你自己，有没有谁在这同一时刻用完全相反的态度对待你。结果会让你大吃一惊。在我们生活的这条社会食物链中，大自然自有办法让猎物般的支持者和捕食者般的挑战者保持平衡。

精神病学家兼作家卡尔·荣格由此发现了共时性。共时性让人领悟到：当你获得支持的同时，也会受到相应的挑战；当你获得挑战的同时，也会得到相应的支持。在同一时段，你不可能只被善待而不被苛待，反之亦然。这些善待你或苛待你的人可能是一个人也可能是多个人，可能是男性也可能是女性，可能是关系亲近的人也可能是关系疏远的人，可能是活在真实世界里的人也可能是活在虚拟世界里的人。你不会经历单面事件，但是因为你把自己的价值体系投射到了这些事情上，你就会以此来过滤自己对周遭世界的感知，然后得出结论——单面事件是存在的。但这种单面幻觉主要是因为你在过滤现实，而且你的杏仁核正在为应对紧急情况和基本生存而产生主观偏见，从而让你拥有不完整的感知和有限的意识。

智者能用爱的方式同时同步地看到事件的两面。受害者意识则属于那些只看到事件的一面，拒绝寻找另一面的人。他们看不到“祸兮福之所倚，福兮祸之所伏”。

神圣的设计（一）

回顾往昔，把每一个受到苛待的时刻列出来，然后回到那些时刻去感知，让你的直觉告诉你是谁在同一时刻善待着你。那些在同一时刻表现出完全相反的行为的人可能是一个人也可能是多个人，可能是男性也可能是女性，可能是跟你关系较近的人也可能是跟你关系较远的人，可能是活在真实世界里的人也可能是活在虚拟世界里的人。你会发现每一个人都在一个宏伟的矩阵中，以高度组织化和智能化的方式参与其中。我称之为存在于这个星球上共时且互补的隐秘秩序。这个秩序让一切回到平衡，并使平衡的真爱得以充分表达。我们被爱包围着，而其他的一切都是幻觉。当我们清醒过来并深刻理解这一点后，我们就再也回避不了爱。它每天24小时包围着我们，遍布全球。如果我们提出的问题给认知带来了平衡和秩序，我们会感激这种秩序，因为它让我们敞开心扉去接受爱。

物理学家大卫·玻姆曾说，宇宙中存在着一个相互牵连的秩序。传教士杰拉尔德·曼也曾说过，从原子到天文，在宇宙的各个层级中都存在着一个潜在的秩序，而位于原子和天文之间的人类处在这个秩序的中间。当我们因看见这种平衡而打开心门时，我们就得到了恩典和启发。我们会变得目标坚定，会在更广阔的天地中产生影响，会觉得自己被爱包围。正是处于这种完全的意识状态中，我们才能最大限度地发挥自身最强大的韧性。

将你每天在做的事情列一个清单。写下那些尽管你可能认为自己不得不去做却无法激励你的事情。问一问自己，在能够将这些事情委托给他人去做之前，暂时参与这些活动会怎样帮助你实现自己的最高价值和使命。秉着负责任的态度反复回答这个问题，并观察自己的心态变化。

起初，你可能会想："它们根本帮不到我。这就是为什么我不喜欢做这些事的原因。"回过头来仔细想想，你就会发现，决定一个人心态的不是发生在你身上的事情，而是你对这些事情的认知。威廉·詹姆斯曾说过，最伟大的发现之一就是：人类可以通过改变自己的认知和心态来改变自己的生活。

以你每天所做的事情为对象，问自己，"这个活动将会怎样帮助我完成我在这个星球上的使命，又能如何帮助我实现最激励我且对我最有意义的事情？”

不断问自己，不停给出答案，直到你眼中满含感激之泪。因为，倘若你看不到它与你的最高价值之间存在着联系，这个活动就会变成阻力而不是动力，是包袱而不是激励。它就会让你分散注意力，而不是集中注意力。但是，如果你能将你正在做的事情与自己的最高价值联系起来，你的人生就会受到启发。

接下来，写下你脑海中的所有事情——个人的、职业的、财务的、商业的，等等。把它们写下来，然后问自己以下问题：

1. 我可以为此做些什么吗？如果你可以，就太好了。如果不行，就请意识到你无法为此做任何事情，那就直接将其从头脑中删除并放弃吧。

2. 这是需要我自己做的事还是需要委托给别人做的事？如果是你自己能做的，写下你打算何时做，并确定一个开始行动的日期。如果不是，写下你要委托给谁，以及何时开始委托。现在先将其置之脑后，然后再找一个合适的日子把它委托出去。我们的大脑里充斥着这些无法在几天、几周、几个月或几年内完成的事情。这让我们头脑混乱，被明日之事所困扰，从而使我们无法气定神闲地活在当下。

好记性不如烂笔头。将任务置于恰当的时间框架内，确定一个自己做或者委托给他人做的日期，以消除干扰。使用电子的或其他类型的日程安排表来帮助你完成这些任务，好让你能够专注于当下最重要的事情。这可以让我们的思想不被干扰，同时还可以增加我们的韧性。

首先，将你在做的每一件事情与自己的最高价值联系起来，不断优化你的做事程序。然后，提出一个消除干扰的方案，列出当下你脑海里的所有事情，将它们分为四类：自己做的、委托给他人做的、需删除的和需给出限定日期的。

我曾与玫琳凯化妆品公司的创始人玫琳凯·艾施交谈。在她去世前，我问她："你能给一个志向远大的青年国际演讲者一些建议吗？"

她说："每天，写下你可以在当天完成的六七个优先级别最高的行动。把它们写下来，依优先等级排序，按顺序完成它们，用储蓄或投资的方式奖励当天的自己，用香甜的睡眠奖励当晚的自己。这将有助于你实现梦想。"那些预先计划好日程安排的人掌控着游戏规则，所以你最好也为自己的生活制定一个日程安排。

神圣的设计（二）

我提出了"德马蒂尼定律"。它指出，任何未被优先等级高的活动填满的时间和空间都会被优先等级低的干扰所占据。因此，你有责任去关注并执行那些优先等级最高的事情，让自己拥有充实的一天。通过优先等级排序，你就更有可能活在最激励你自己的使命中。

接下来，为了更好地激发出内心的灵感，你需要反复阅读自己的使命宣言或目标陈述。每天读一遍，完善它，不断阅读，不断改进。

1972年，我首次起草了自己的使命宣言；到如今，已将其更新并微调了80次之多。一开始是这样的："我致力于研究与心灵、身体、精神相关的普遍法则，尤其是与治愈相关的普遍法则。我想环游世界，研究这些法则，并将其分享给世界上的每一个国家和每一个可以接触到的人。我想获得丰厚的报酬，过上备受激励、无比光荣的生活。”通过不断精进，它最终变成了现在这个更加简练、集中和详细的版本。每当我遇到激励自己的事情时，就会把它写进我的使命手册中；当然，我只会写下那些既激励我又与我最在乎的东西保持一致的目标。

接着，让自己身边围绕一群深受启发的人，阅读他们的自传，也阅读其他受到启发的人的传记。抓住机会与这些内外一致、真实且具有影响力的人在一起，你会受到感染。这是增强你的韧性的另一个关键点。

金钱与目标

有些人说，追随自己的目标，钱就会跟着来。我不这么认为。你有一套自己的价值排序体系。当金钱出现在你的生活里时，你会根据该体系来花钱。

假设我的价值清单上有十件事情，其中排在最后面的是赚钱、储蓄、投资和经济富裕，而排在最前面的是孩子的健康和教育、房子、车子和假期。那么，如果我有10000美元，我会如何花这笔钱呢？依照这个价值排序体系，我月底还会有钱吗？不会。你的价值排序体系决定了你会如何管理自己的金钱。如果财富、财务自由或储蓄与投资没有在你的价值清单中排在前四或前五的位置，那么经济富裕这件事就不太可能会降临到你身上。因为在你看来，任何别的事情都比这要重要，你也就不会抽出时间去储蓄和投资。这样一来，你将为钱工作，而不是让钱为你工作。

我曾经给一名年收入600多万美元的医生做过咨询。到年底时，他欠了税务局329000美元的债务。我还认识他的一名助理。这个人每月只赚2000美元，却能从中拿出400美元存下来。于是乎，年终时，她便比这名年入600多万的医生还有钱。这位医生对玩具、旅行、房屋、船只和奢华生活方式的渴望让他用于开销的钱多，而留出来储蓄、投资和交税的钱少。重要的不是你赚多少钱，而是你如何管理自己的收入。你的价值排序体系会决定你怎样花钱，怎样管钱。

如果你恪守自己的最高价值并把创造财富排在价值清单中靠前的位置，你最终就有可能过上经济富裕的生活。实现经济富裕还需要将其他形式的隐形资产和财富打包成服务于人们的东西，以便你可以从中赚取收入去储蓄和投资。重视财富创造会让你存下这些钱。获得财务自由的人只占总人口数量的1%，他们的价值体系和那些没有获得财务自由的人的价值体系不一样。等你更重视财富创造时，财富就会不断地以不同的形式出现在你身边。其他形式的财富可能表现为家庭财富、社交网络财富、知识产权财富、精神意识财富、商业智慧财富或身体健康财富，或者只是逐渐贬值的消费品。

有人说："我知道我的目标是什么，但我也想实现财务自由。"不，你只是说你想实现财务自由。事实上，如果生活中没有证据表明你的财富在不断增长，那么财务自由对你而言也就并没有你想象中的那样重要。

我在南非面向5000人发表演讲时问："有多少人想实现财务自

由？”每个人都举了手。但是，当我问有多少人已经实现了财务自由时，却只有7个人举了手。

这反映出99%以上的人生活在实现财务自由的幻想里。他们所想的并不是财务自由，而是像一些不明智的富人和名人一样，把钱花在让他们获得即时满足的生活方式上，购买不断贬值的消耗品，侵蚀他们获取财富的潜能。真正想要在经济上变得富有的人会学习数字、概率和统计学。他们努力工作，储蓄一部分收入，也投资一部分收入。储蓄和靠谱的投资是两种有潜力、有条理的获取财富的方式，与即时满足的、情绪化的投机游戏相比，它们更有可能让你得到想要的结果。

你有存款吗？你已经开始投资了吗？没有？那么，你真的没有把创造财富放入自己的价值体系中。你更有可能是在幻想着去拥有某种生活方式，然而幻想并不会带来结果。谈起财富，许多人总是会从游艇、豪宅、汽车和黄金的角度来思考，而不是从商业计划、资产负债表、金融概率、市场报告的角度来思考。其实，在助你成为富人的道路上，后者比前者要有价值得多。

再次强调，经济富裕与你赚多少钱关系不大，但与你的价值排序关系重大，因为后者决定了你会如何管理自己的钱。重要的不是你赚多少钱，而是你如何管理自己的收入。如果你能明智地管理好收入，并重视与储蓄、投资和财务自由相关的活动，你就能够储蓄、投资、积累资产，并让这些资产不断为你工作。

当你储蓄、投资和积累资产时，你也提高了自己的耐性和韧性水平。

财富增长法则

以下是一些储蓄法则：富人会先把钱花在自己身上。穷人则最后才把钱花在自己身上。如果你不足够珍视你自己，把自己放在第一位，那又凭什么期望别人先为你花钱呢？你的周遭反映着你的内心世界。如果你不珍视自己并先把钱花在自己身上，那么外界的人就更不会这样做了。

明智的做法是，每得到一笔收入就留下其中的一部分——至少10%、20%、30%或更多，用来储蓄和投资。将这些储蓄和投资设置成自动模式。这样一来，当你偶尔情绪波动时也不会干扰到自己的财富创造目标。我称之为“不朽的账户”，其目的是最终增长到让钱更多地为你工作，而不是你更多地为钱工作。如果钱为你工作，你就是它的主人，它就是你的奴隶；倘若是你为钱工作，那么它就是你的主人，你就是它的奴隶。假使你从不储蓄和投资，你就会变成金钱的奴隶。那些告诉我说“钱对我而言不重要”的人将继续做金钱的奴隶。

我认识一些人，他们珍视别人比珍视自己要多。每当他们获得一笔额外的收入时，他们便会用这笔钱来照顾他人。如果你喜欢给教会或者慈善机构捐款，这很好，但是请先把钱花在自己身上。有恻隐之心是对的。但是，在把钱捐赠给他人的同时，也要把钱花在自己身上，这才是明智的做法。先把钱花在自己身上，让它为你工作，这样你才能够更好地服务于他人并为他人做出更大的贡献。

然后，采取已被证明有利于财富创造的优先等级最高的行动步骤，并将其中的每一步和你的最高价值联系起来，问自己：“这些行动将怎样帮助我完成目前对我而言真正最有意义、最重要的事情？”每写下一个答案，你就提高了财富创造在自己的价值排序体系中的优先等级。你把财富创造的地位提得越高，你就越容易获得财富。为什么呢？还记得从商场路过的那对夫妻吗？在那位妻子的价值观里最重要的就是她的孩子，因此她注意到了环境中每一件与孩子们有关的东西。如果你把财富放在价值清单中靠前的位置，你就会在自己身边看到更多与财富创造相关的机会。但是，如果你把财富放在价值清单中靠后的位置，那么你在任何地方都不会看到这类机会。因为，你的价值排序支配着你在这个世界上的感知、决定和行为。

给财富增长一点耐心。有的人总想一夜暴富。明智的人则总是有条不紊地储蓄和投资，他们不会冲动消费。最终财富就慢慢积累起来了。一开始，可能是银行账户或货币市场账户；然后，可能是一些和当下利率挂钩的短期国库券或债券；最后也许会进入蓝筹股、大盘股，甚至中盘股和小盘股或房地产的投资市场。到那时，风险也会提高。在没有存款和较保守的投资作基石前就进行风险投资或者投机是很不明智的。先储蓄，再投资，然后才可以投机。倘若你跳过储蓄和投资直接投机，你终将失败。但是，如果你不断储蓄并壮大自己的安全资产，然后再明智地投资，耐心地等待机会去冒险，那么你就不太可能失败，也不太可能因投资亏损和投资失败而痛苦。当储蓄和投资带来的利息超过工作收入时，你就实现了财务自由。

记得有这样一条古语（我现编的）：“钱包鼓鼓，会有更多的钱进来；钱包空空，会有更多的钱出去。”随身携带现金、充满激情的演说家吉姆·罗恩很多年前就告诉过我：你当天想赚多少钱，就在自己的口袋里放一笔多少钱的现金。带现金，但是不要把它花掉。别去动用它。它只是你随身携带的现金。不管你当天赚到了什么都请随身携带。带现金并感觉到它的存在和不带现金会让你处于完全不同的意识状态中。只剩下最后一美元和还有一大把现金也会对你产生不同的影响。

富人通常会有很多现金。那信用卡呢？完全不同。有时候，如果你没有明智地管理好你的信用卡并且每月全额还款，它就会让你陷入债务。带现金，但不花。因为，钱包满时，会吸引更多的钱跑进来；钱包空时，则会让更多的钱跑出去。

列出最有钱、最鼓舞人心的人。然后，去读他们的传记。如果有可能，还可以联系他们。不管你信与不信，很多情况下他们会跟你聊天。给他们一个有价值的理由。邀请他们吃饭并体面地采访他们。

制作一本拼贴画，把能够帮助你将自己的理想生活视觉化的图片剪下来，贴上去。务必将行动步骤和策略视觉化，以便获得自己想要的生活。如果你想去法国的蓝色海岸或游艇上住一段时间，那么就把相关的图片剪下来，每天看一看它们。肯定并视觉化这些目标有助于你明确它们的形象和行为。请确保与这些行动步骤和成果相关的言辞及愿景和你真正最珍视的事物保持一致。先在能力范围内创造财富，然后再让你的被动收入为你越来越大的梦想买单。

哪怕你只应用了这些原则中的一小部分，也可能会对自己的财务状况造成良性影响。我知道它们已经改变了我的生活。财富创造是另一重要的关键因素，它能让你的心理变得更坚韧。

感谢你为自己的伟大而自豪，并相信自己有权利去拥有梦想。如果不是这样，你也不会读这本书。仅仅通过阅读这些想法，你的韧性就已经开始增强了。

12岁的男孩子们热爱视频游戏，可以自发地坐在那里连续玩一整晚。然而，当你想让他们停止游戏去睡觉，或打扫自己的房间，或做任何一件对他们不重要也不能鼓舞他们的事情时，你可能就不得不给他们提供一个外部动机。

第2章

最高价值的力量

The Power of Your Highest Value

如我们所见，每一个人都活在自己的价值体系里。而且每一个人的价值结构都像指纹或视网膜一样独特。这套价值体系决定着你怎样去感知这个世界。没有哪两个人拥有完全相同的价值体系，因此也没有哪两个人会看到一模一样的世界。有80亿左右的人口，就有大约80亿个不同的世界。价值体系还会影响你在这个世界上的行为，因此它决定着你的命运。

你的价值会发生改变，这种改变可能是逐渐发生的，也可能是突然发生的。我在南非认识了一位可爱的女士，她有四个孩子。一天早上，她装好车去商场。途中，和一辆卡车相撞，导致她的小汽车严重变形，同时还夺走了四个孩子的生命，她是这场事故的唯一幸存者。那天早上，她还有四个孩子，还是一位母亲。那天下午，她就不再是一位母亲了。这就是一次突发的价值巨变。有些人的价值会在孩子们离家上大学后改变。有些人的价值则会在他们下岗或决定开始一项新事业或经历婚变时改变。

你的价值会随着你的成长而逐渐演变。通常情况下，10岁以前你可能只想玩；10岁到20岁之间，你可能想与你的朋友社交；20岁到30岁之间，你通常会想要觅得一位伴侣，并开启自己的职业生涯；30岁到40岁之间，你很有可能想要组建一个家庭，开创自己的事业。

有一些价值会比别的价值改变得更迅速。我们可以把那些更加稳定的价值称为核心价值。其中最重要的是内在价值。你会从内心深处受到激励，自发地采取一些行动去实现这一价值。你不需要外部动机，也不需要鼓励，更不需要别人提醒你去这样做。在这个领域里，你会自动变得自律、可靠、专注。无须他人提醒，我就会去从事研究、旅行、教学和写作。我每天都在做这些事情，无论在哪里我都会做这些事情。

顺着价值清单往下看，你会发现排名越靠后的事情越缺乏独创性，也越受制于外在因素，因此需要外部动机的刺激你才会行动起来。至于那些在价值清单里排在最前面的事情，你无需鼓励就会去做。但是，倘若让你去做那些低价值的事情，则肯定需要一个外部动机——如果你做了，就会获得某种形式的奖励；如果你不做，就会受到某种形式的惩罚。

12岁的男孩子们热爱视频游戏，可以自发地坐在那里连续玩一整晚。然而，当你想让他们停止游戏去睡觉，或打扫自己的房间，或做任何一件对他们不重要也不能鼓舞他们的事情时，你可能就不得不给他们提供一个外部动机。但是，他们不需要你的鼓励就会去玩视频游戏，因为这件事对他们来说具有更高的内在价值。许多父母都会设法劝孩子们去做他们认为有价值的事情，但是得到的却只有孩子们的反抗和抗拒。

对人类而言，动机不是解决问题的方案，而是存在问题的征兆。我对商业毫无兴趣。我不想用华丽的辞藻说服你去做一些不激励你的事情。我教人们如何获取内在启发而不是外部动机。外部奖励和惩罚可能会推动你去做某些事情，但是这样的心态不会让你在生活中变得坚韧不拔。

提高大脑的复原力

你的大脑中有神经元和胶质细胞。胶质细胞的数量多于神经元的数量，两者的比例大约在9：1到10：1之间。它们会对你正在做和打算做的事情做出反应，重塑你的大脑神经元，生成、滋养或摧毁你的神经细胞，好让你在最大程度上完成自己最重视的事情。大脑是一个进化出来的器官，旨在寻求并实现你的最高价值。它像树枝一样向上生长，向阳伸展。接触到阳光，就会变得更强大；接触不到，就会死亡。有些神经元的行动方式和感知方式就是在帮助你实现对你最有价值的事情，让你接触到光；你的胶质细胞会增强这些神经元的功能并为它们赋能。

如果你不把生活中的事情按优先等级排序，并每天去做那些真正最有意义、最有价值的事情，你的下丘脑中心就会被激活去应对干扰事项，以保证更基本的生存需求。这其实是一个反馈信号，让你知道自己已经偏离了那些优先等级更高、更有意义且更真实的事项。

你的大脑正在竭尽所能地帮助你。它主宰着你的生理机能。每一个脑细胞都受到胶质细胞和你的最高价值的影响。身体上的症状属于反馈机制，可以让你知道自己是否在做真实的自我，以及你目前的状态是否与自己的最高价值一致。许多疾病既源于对外部权威的顺从，又源于将他人的价值观投射到自己的生活中去——试图让自己成为别人。疾病是一种反馈。它让你知道此时的自己不真实，从而提醒你回到自己的最高价值中去做真实的自己。

终极目标

在过去的2600年里，哲学家、神经病学家和神经系统科学家都一直致力于研究最高价值的影响。亚里士多德称之为终极目标，即目标或目的的终点。《思考致富》的作者拿破仑·希尔称之为“首要目标”。我的早期导师爱德·图里森说，它是你最宏伟的使命。它是似乎让你着迷的事情，是激励你的东西，是你认为的首要目标，或最有意义的追求。还有一些作者称之为主要目标。终极目标的概念是如此重要，以至于由此诞生了一个完整的围绕其发展起来的研究领域。人们称之为目的论：研究意义与目的。在你的一生中，每天做最有意义的事情是最大限度提高你的表现力和韧性的关键。

你的生活与你的最高价值越一致，你就越顺利。如果你打算做并正在做那些对你来说最重要的事情，你就会最大限度地让自己的日常生活变得顺利起来。相反，我们与自己的终极目标越不一致，遇到的挑战、障碍和阻力就会越多。

使我们失去终极目标的方式之一便是将自己与他人进行比较：试图让自己成为别人。我们来到这个世界，不是为了和地球上的任何人进行比较，而是为了将我们的日常行为与自己的最高价值、使命和梦想进行比较。当我们与它们一致时，神奇的共时性现象就会出现。

大脑的执行中心

人类的前脑，包括前额皮质层和两个大脑半球，是更先进的大脑前部和大脑层，被称为“端脑”（telencephalon），你可以看出它与“终极目标”（telos）之间存在着词根联系。当我们与自己的终极目标保持一致时，端脑的中央前额皮质层就会被唤醒和照亮。当我们恪守自己的最高价值时，我们就会唤醒大脑中最高级、最先进的部分。一旦我们设定了与自己的最高价值相一致的目标，端脑就会出来掌控局面。我们就会成为命运的主人，而非既往经历的受害者。

当我们唤醒前额皮质层的执行中心时，我们就触发了一个深受启发的愿景，并且能看到一个实现它的战略计划。我们会感到有一股力量在召唤着我们去自发行动；同时还可以摆脱下丘脑的生存本能、直觉、快乐或痛苦的干扰。我们愿意接受所有对立面——支持或挑战、轻松或困难——来追求这个愿景。当我们能在快乐和痛苦中找到一样多的意义时，我们就成了生活的主人。我们不再是既往经历的受害者。当我们与自己的终极目标保持一致时，大脑的高级部分会最大程度地挖掘我们的潜能，包括我们的感知意识和运动机能。我们可以做的最伟大的事情之一就是发现自己的最高价值，并像船长一样扬帆远航，成为命运的掌舵人，追求最有意义和最充实的生活。正是通过这样的追求，我们才能把自己的韧性提高到极致。

要掌控自己的生活，我们就需要放弃优先等级较低的行为。为了活得精彩而备受激励，我们可以把这些行为交给他人去做，然后专注于那些对我们来说最重要、最有意义的事情。正如我已经强调过的那样，如果我们的日子没有被激励人的挑战填满，就会被打击人的挑战填满。

激励人的挑战让我们健康，而打击人的挑战则让我们痛苦和生病。如果你做的是一件激励你的事，你可以连续工作18到20小时不感到痛苦。但是，当你在做一些低价值的事情时，就会很容易感到无聊或疲惫。你会出现一些心血管方面的不适症状，你的免疫力也会下降。这些信号是为了让你知道你没有做真实的自己。设法逃避痛苦和掩盖症状的享乐主义思维方式阻碍着人们掌控自己的人生。这是在抑制我们自己的自然反馈机制，从而妨碍具有更高优先等级的真诚和健康的发展。

了解更多有关执行中心的详细信息后，你会发现它与视觉皮层及其关联区域直接相关，因此我们会受到所视所见的启发。这让我们看得更清晰。你是否曾经被一个让你流泪的画面所启发，然后突然意识到可以怎样去完成某件事情？你的视野越清晰，你的人生就越有活力。思想会变成事物，画面会变成现实。

执行中心的第二个功能是战略规划。它评估风险和回报的比率，以做出更客观的决策并部署战略规划。古谚语有云："理由充分，方法自现。"当你知道自己的最高价值、目的和理由是什么时，你就会自然而然地知道如何去实现自己的目标。此时，方法或者说行动步骤就会自动出现。

该中心还有一个功能是执行：你会更自发地去执行你已经决定采取的行动。这表现为大脑的自发潜能。

端脑的最后一个功能是自我管理。中央前额皮质层将神经纤维发送到下丘脑区域，让杏仁核（你的欲望、奖赏和惩罚中心）平静下来，克制住你的动物冲动和本能。我们和某些动物拥有相同的神经中枢、神经通路，但我们可以调节它们并让自己冷静下来。我们可以控制自己，不对快乐和痛苦做出本能反应。我们可以客观地看待它们，而不是做出过度情绪化的反应。理性思考、发现意义和自我管理的能力把我们与许多动物区别开来。

执行中心让我们成为自己的主人而不被外界所统治。当你内心的声音和愿景比外部的意见、迷恋和怨恨强烈时，你就掌控了自己的生活。这就是真正的正念，也是拥有韧性思维的关键。

激活状态下的杏仁核

如果你是按照自己的较低价值而非最高价值在生活，那么你的葡萄糖和血氧就会流向大脑中较低级的中心。这时杏仁核就会被激活，让你的冲动和本能占据上风。

本能建立在过往的痛苦经历之上。它的存在是为了告诉你，当下的某件事情与那些痛苦有关，然后提醒你，以避免类似的情况再次发生。杏仁核里掌管冲动的那一部分会紧随快乐之后而被激活。这些中心是被设计出来让你逃避捕手和寻求猎物的。它们让你的感知发生主观性偏差，从而保障你的生存。因此，当主要运作的是大脑的这个区域时，你对现实世界就会产生更主观、更扭曲的看法。造成这种感知失真的是你的确认偏误和不确认偏误。

不要把本能和直觉混为一谈。假设我对你说，“你总是很美好，你从不邪恶；你总是很善良，你从不残忍；你总是很积极，你从不消极”，你的内在调节器或“心理调节器”会告诉你这是无稽之谈。同样地，如果我说，“你总是很邪恶，你从不美好；你总是很残忍，你从不善良；你总是很消极，你从不积极”，你的直觉会告诉你这也是无稽之谈。

但是，假设我说，“你有时美好，有时邪恶；有时善良，有时残忍；有时积极，有时消极；有时慷慨，有时吝啬”，你的直觉就会告诉你这应该是真的。

你的直觉会设法让你的感知回归平衡。当你迷恋某个人时，你只会看到积极的一面，看不到消极的一面。这时，你的直觉就会努力揭示消极的一面——那些你未曾意识到的、不够明朗的真相。同样地，当你憎恨某个人时，你只会看到消极的一面，看不到积极的一面。这时，你的直觉也会努力揭示积极的一面——还是那些你未意识到的、不明显的真相。它在试图将好的一面和坏的一面统一且平衡起来，让你的意识变得完整，让你获得解放。

当外在的情绪、迷恋和憎恨占据你的大脑时，它们就会掌控你。但是，倘若你能让它们保持平衡，同时看到事物的两面，你就会变得客观，你就能掌控你自己。当你臣服于下丘脑所产生的情绪时，你就会成为既往经历的受害者。但是，当你让执行中心掌权时，你就能够掌控自己的命运，你就会变得坚韧。

因此，要想掌控自己的人生，至关重要的一点就是要按照自己的价值尤其是最高价值去生活：找到最激励你的事情，精心策划你的人生，实现你的最高目标，为这个星球做出你最大的贡献。这样做的人已跻身于人类社会最顶层的百分之一。

我曾经在南非克鲁格斯多普监狱的最高安全级别监区[①]做过演讲。1000名穿着橘色囚服的犯人挤满了整个房间。一开场，我就问了一个问题："不管你经历过什么或者正在经历着什么，你们当中有多少人渴望对这个世界产生积极的影响？"在场的每个人都立刻举起了手。可见，就连最高安全级别监区里的犯人都渴望产生积极的影响。

拥有一套独特价值体系的你，最纯粹、最真实的你，将会对这个世界产生巨大的影响。当你屈从于他人，并在其影响下模糊了自己的终极目标时，你就削弱了自己的影响力。真实的你其实不用面对竞争。但是，被削弱了的你将不断受到竞争的轰炸。努力活在别人的价值观里，成为普罗大众的一员是虚无缥缈的空想。认清自己是谁，远比这些空想要重要得多。

价值与身份

你的本体身份和目的意义都是围绕着自己的最高价值展开的。假设你有三个孩子，他们都不满5岁。此时，如果有人问你，"你是谁？"，你会说，"我是一位母亲。"

你不需要寻找一个魔法公式来算出自己的目标，它会通过你的最

① 主要关押重刑罪犯，如杀人犯、强奸犯、贩毒犯等。——译者注

高价值表达出来，并体现在你每天的生活里。但是，当你把自己和他人进行比较并设法成为他们时，你会看不清自己的目标，觉得自己根本不知道它是什么。即便如此，你的目标还是会通过你的生活展现出来。但是，因为你在把自己和他人进行比较，所以它和你幻想中的以及期待中的可能不太一样，但是它就在那里，就在你的面前。我可以编一个故事甚至对自己撒谎说，我正献身于某个目标或某项事业。但是我的生活会展现出，我真正看重的是什么，内心追求的又是什么。因为任何时候我的决策皆基于我相信能给自己带来最大优势、最大回报和最小风险的事情，并指向我最在乎的事情。

如果你说“我不知道自己的目标是什么”，那么请让我来问一个简单的问题：“你每天，无须他人提醒，就会自发去做的事情是什么？”你可能会说，“我不知道。”不，你知道，尽管它们可能和你期待、希望或幻想中的不太一样。

我在伦敦举行《突破自我》[①]签名研讨会项目时，会上有一位女士说道，“我不知道自己的目标是什么。我不知道自己想做什么。”

我说，“你每天做哪些事情的时候觉得欢欣鼓舞，并且无须人提醒？”

“我每天都和我的孩子们在一起。”

“你喜欢和孩子们一起工作和玩耍？”

“那是生活中最让我感到欢欣鼓舞的事情，我为我的孩子们而活。”

① 本书作者撰写的一本畅销书。——译者注

“那么，你有没有想过，你正在致力于成为一位伟大的母亲？”

她泪水涟涟地说道，“那就是我一直想做的事情。”

“那么请让你自己知道：你目前的首要目标是什么，至少要知道在当下这个人生阶段你的首要目标是什么。”

“我不应该开一家公司，不应该做一些社会性的事情吗？”

“我对你应该做什么不感兴趣。你正在将自己与他人进行比较，舍弃自己的能量去倾慕他们，而理当、应该、必须都是那些人投射到你身上的强制性要求。那都不是你的着力点。你要倾听自己内心深处的召唤。你目前是一位敬业的母亲。请允许你自己成为一位伟大的母亲。”

她哭着给了我一个拥抱，说道，“那就足够了吗？”

“这已经很了不起了，”我说，“因为做一名伟大的母亲和世界上任何其他目标或召唤一样至关重要。”

你可能还想追求社会价值、智力价值和商业价值的实现。有些人的价值属于精神层面，而有些人的价值则属于身体健康层面。不要让任何人阻止你去追求自己的梦想，妨碍你去实现对当下的你和未来的你而言最有意义、最激励人心的事情。

一次，我在一所小学对着1000人做演讲。我问孩子们，“你们的梦想是什么？”

一位漂亮的12岁棕发女孩说，“我想成为一名优秀的女演员。”她说这话时就像一位天使。

我走过去对她说，“不要让世界上的任何一个人，包括你本人在内，去阻碍你追求自己的梦想。”

这个女孩哭了。旁边的女孩伸出双臂抱住她，和她一起哭了起来。

然后，她的母亲——当时也在现场——走过来对我说，“谢谢你这么说。这对她很重要。”

我说，“这对在场的每一个人都很重要，因为我觉得你们都能够感受得到她说这话时是敞开心扉的。”

三周后，这个女孩和她母亲给我寄来一张美丽的照片，并附有一封信，说她已经谋得了自己的第一个电影角色。她的梦想就是成为一名女演员。她又朝着自己内心的梦想迈出了一步。

我青少年时期的转变

从17岁起，我就梦想着能克服自己的学习障碍，返校读书，日后成为一名老师、疗愈师和哲学家。尽管我碰到了一些挑战，但是从那天起直到现在，这个梦想一直在我心中，从未离开。

18岁那年，我遭遇了一次挫折。我设法回到学校，但是由于我有学习障碍，第一次考试就失败了。我需要72分才能及格，但实际上我只得了27分。我开始怀疑自己的愿景，觉得它可能只是一个错觉或幻想。我当时心情真的非常低落。

开车回家的途中，我不得不数次靠边停车，因为不停地抽泣让泪水模糊了我的双眼。我意识到，假如我不能实现这个梦想，我就不能确定自己是谁，也不知道自己该走向何方。当时，我正面临着身份认同危机。有远见的人会茁壮成长，没远见的人则会逐渐湮灭。

我回到家，趴在客厅的地板上痛哭流涕，把自己蜷缩成一团，像一个襁褓中的婴孩一样。母亲回到家看到此情此景，便问："发生了什么？你怎么了？"

"妈妈，"我回答道，"我考砸了。我想我永远都不可能学会阅读、写作或交流。我的一生也不可能取得任何成就或走得太远，就像我一年级时的老师麦克劳克林女士说的那样。我想我没有那个能力。"

最后，我的母亲伸手搭在我的肩膀上，说了一些只有母亲才会说的话："儿子，不管你将来是成为一名优秀的老师、疗愈师和哲学家，还是像你之前做过的那样，回到夏威夷去冲浪或者去大街上乞讨，我只想让你知道爸爸和我都会一如既往地爱你。孩子，不管你将来做什么，我们对你的爱都不会变。"

就在那一刻，妈妈向我展示了，并且我自己也发现了感恩、爱、肯定和存在的力量，它们是实现自我掌控的四大支柱。妈妈说的话唤醒了我体内的一些意识，因为当我们感受到爱和感恩时，我们的执行中心就会上线。我抬起头看见自己站在一百万人的面前做演讲。我对自己说，"我将掌握阅读、学习、研究和教学的技能。我会不惜一切代价来实现这个目标。我要走遍天涯海角，无论付出多大代价，都要让我的倾情服务遍布全球。我不会让任何人包括我自己在内来阻止这个梦想的实现。"

没有退路可言。当你到达一个如此清晰、如此一致、如此专注的节点时，神奇的事情就会发生。没有备选，没有动摇，没有疑惑，也没有摇摆不定。一切如此清晰明了："我正在执行一项使命。"当你意识到自己的最高价值并与其保持高度一致时，会感受到一股力量。这股力量会渗透到你生活的方方面面。因为每个人都会有意或无意地想要生活在这样的状态里，所以这对别人也是有吸引力的。它会同时吸引那些与你最看重的事物相一致的人、事、地、物以及思想。你内心深处占据主导地位的想法开始演变成主要的外部现实。

缓慢但确定的是，人们渐渐聚集到我的身边。我开始蓄势待发，走向卓越。当你无路可退时，神奇的事情就会发生。这也是为什么找到自己的终极目标——内心深处的呼唤——如此重要。这和你信不信仰宗教没有关系，这一声呼唤可以跨越那些标签。心怀梦想会让你获得启发、充满感恩、热泪盈眶，你会变得生机勃勃，隐藏在你普通外表下的超凡特质开始浮出水面。与外界的意见和阻碍相比，内心的声音和愿景占据了上风。

你不是来这获得安抚的，也不是来这取悦他人的。你是来这实现自己备受鼓舞的使命并为其服务的，无论这个使命是什么。也许，你会像罗丝·肯尼迪一样培养出一大家子举足轻重的人。你的内心深处有一个大大的梦想。每当你与它保持高度一致时，一群优秀的人就会聚集到你身边，帮助你实现这个梦想，让你在最佳时间、最佳地点遇见最合适的人。此时，你的梦想会随之扩大，你的韧性也会得到加强。

你活在谁的价值品牌里?

当你按照自己价值体系里较低的价值生活时，或者按照别人的价值观生活时，你的杏仁核就会启动。它是冲动的、难以控制的、即时满足的、上瘾的、以生存为导向的。不依自己的最高价值生活会导致我们缺乏成就感，从而让我们用食物或消费品之类的东西来填补自己的空虚。我们没有建立起自己的价值品牌，反而活在别人的价值品牌里。成瘾行为是对未实现的最高价值的一种补偿，是一个即时的、令人满足的快速解决方案。即时满足会让你付出生命的代价，而长远的眼光则会让你受益终身。

此外，当你与自己的最高价值保持一致时，你的端脑就会启动。你的免疫系统、自主神经系统、生物钟都会变得正常。你的生理机能也会开始处于最佳状态。同时，你基因里的染色体端粒也会增加，让你更长寿，从而实现那些伟大的长期愿景。你的内在韧性和智慧都是通过生理机能表达出来的。我确信目前的医疗保健模式会逐渐削弱我们自身的调节能力。我来举个例子。如果你吃多了——一大块牛排、一块芝士蛋糕、一碗意大利面、一罐花生酱——第二天早上你眼睛浮肿、鼻子流涕、胃部不适、头痛不止并伴有过敏症状。你去看医生，他给你开了一些镇痛药来缓解症状。医生们并不会常常教你怎样做到饮食有节。他们也不会告诉你暴饮暴食是缺乏成就感的副产品：离开执行中心的管理，你会通过超负荷填充自己的身体来弥补未实现的“终极目标”或“心中之志”。

如果你去看的是有全局观的保健界新派的专业人士，他们会询问你的生活方式，然后发现你吃多了。他们会告诉你这些症状不是疾病。这只是对愚蠢行为做出的生理反应。暴饮暴食就是会让你拥有这些症状。然而，忽略这些反馈只采用药物来缓解症状是不可取的。

如果你懂应用生理学，你就会发现这些症状都是自主神经系统失衡的表现。倘若你把感知到的事情当作对你目前价值观的支持而非挑战，你就会沉迷其中变得兴高采烈。这个时候副交感神经系统就会启动，并触发一些相关的症状：肠道湿润，外部肌肉放松。假使你看到的挑战多于支持，那么交感神经系统就会启动并做出“战斗或逃跑”的反应。这时，你的肠道会变得干燥，外部肌肉也会变得紧张。你身体上的这些症状都是你自己制造出来的。这些症状是对你内心感知失衡的一种反馈。如果有人一直支持你的价值观，并且无论何时、何地、何事都能顺着你的意愿去为你做事，你可能就会像孩子一样依赖上他们。在此情况下，你会吸引来一个与他们完全相反的霸凌者以唤醒你自己。霸凌者不是你的敌人。他们是被吸引到你的生活里来唤醒你的，让你戒掉依赖，摆脱轻松生活的幻想，不再沉迷其中。被人挑战会让你较早独立。正确看待这些挑战你的人，能够帮助你保持这种独立的状态，做真实坚韧的自己。

西班牙模特

你可能曾经迷恋过某个人。刚开始时，你为了和这个人在一起，会牺牲掉一些对你来说最重要的东西。20岁那年，我在休斯顿大学读书。在一堂微生物学课上，我坐在阶梯教室里的最后一排。室外十分炎热，室内却非常凉爽。因此，每当有人进来时，凉风就会吹向他们。

一位美丽的西班牙模特走了进来。我注意到她走得很慢，凉风吹拂着她的一头棕发。她穿过过道坐在了我正前方的位置上。我可以闻到她身上的香水味。我被她深深地吸引，开始主动和她搭讪。

她当时负责足球赛中场休息时的啦啦队训练。因为对她的迷恋，我放下健康科学研究，转而去学习如何跳啦啦操。我的终极目标暂时被置之脑后，负责即时满足的杏仁核启动了。

几天以后，我就开始感觉到有一点点厌倦了。三个星期之后，我开始找借口不去参加训练。我觉得自己必须回到研究健康科学的轨道上来，因为我的长期愿景是成为一名老师、疗愈师和哲学家。做一名啦啦队观众给我带来的即时满足感是短暂的。迷上这个女孩的那段时间，我把她的价值观投射到了自己的生活里。我害怕失去她，因为我如此倾心于她——你只会害怕失去那些让你痴迷的人或事。于是，我暂时牺牲自己的终极目标，活在自我价值体系中的较低价值里。为了一时的迷恋，我暂时把自己的长期使命和掌控权抛到一边。迷恋消失后，我就想再次回到自己的研究中去。事实上，你能以多快的速度回到自己的生活轨道中去，就表明你的韧性有多强。

这次经历让我明白：如果屈服于我们最初误认为比我们更富有、更有成就、更有吸引力、更聪明或精神境界更高的人，我们就会牺牲一部分自我。

当你的目标与你的最高价值一致时，你会更容易成功，因为此时你的感官意识、内在决策过程和运动功能都处于最佳状态。你会言出必行，干脆利落，而不是步履蹒跚，拖泥带水。当你取得成功后，便会自动激活一个更大的内在需求，为自己设立更多目标。你的视野会变得更广阔。你会满怀信心，觉得自己能够多做一些，取得更大的成就。

通往无限之路

从具体到抽象，从个性到一般，从有限到无限，是人类大脑与生俱来的发展之路。当我们恪守自己的终极目标时，就踏上了一条通往无限可能的道路。我们打开了抽象的大门，也打开了沉思的大门。通常情况下，沉思是我们在这个有限的感官世界里不可能具备的潜能。正如伊曼努尔·康德说的那样，我们有一个内在心智，它像动物一样偏颇；我们还有一个超然心智，它像天使一样爱反思。当我们以终极目标为指导来生活时，这个天使般的、充满反思的、超然的心智就会被唤醒。它会扩大我们的能力，让我们变得更超然而不是更世俗，更发散而不是更紧缩——心胸更宽广而不是更狭窄。

说回那个爱玩视频游戏的12岁的男孩，他最终会通关，不是吗？通关后，他会怎么做呢？找到一种方式来说服父母给他一个更先进、更具挑战性的游戏玩。

在我看来，这一点很重要：当你的生活与你的最高价值一致时，你会自发地不断去寻找能激励你的更大的挑战。一个自发担任领导者的人会追求那些既能够激励自己又能够为他人服务的挑战。正是这样的追求激发着你的天赋，增强着你的韧性。

生活不会变得越来越简单，而是会变得越来越复杂。一个细胞分裂成两个细胞，然后再分裂成多个细胞，带来更复杂的相互作用。生活也一样。我们来这不是为了让自己生活得更轻松，而是为了弄清楚我们能处理多少复杂的问题，在杂乱中找到秩序，解决一个又一个难题。实现终极目标并不会使我们面对挑战时退缩，反而会让我们自主地去寻求解决方案。

自我与物质

知道如何恪守自己的最高价值就掌握了经济学中的可持续公平交换原则。因为，此时的你是最客观和最冷静的你。当你按自己的较低价值生活时，你会有更多的主观偏见。这些偏见会让你变得更加自恋或利他。当你表现出自恋倾向时，你会将自己的价值观投射到他人身上，期望他们按照你的价值观生活。这既自相矛盾又徒劳无益。当你表现出利他倾向时，你可能会为了他人而牺牲掉自己的价值。任何时候，只要你陷入自恋或利他的极端心理且无法获得内心的平静，你都会试图不劳而获或无偿奉献，这都是不可持续的，这是你在主动削弱自己经济上的回报。

掌握你的精神自我和物质自我是同一件事情。没有物质的精神是呆板的；没有精神的物质是冷漠的。如果你想活得精彩，那么你需要足够了解人性，把优先等级较低的事情委托给他人做，然后每天做一些既能激励自己又能服务于他人，还能赚到高于委托成本的收入的事情。假使你不能把优先等级较低的事情委托给他人做，你将让自己陷在这些不怎么激励人的活动里，降低自己的价值。但是，如果你无法通过做那些既能服务于他人又能赚取到更高收入的事情来感到荣幸和备受鼓舞，你可能也不会愿意去付费委托处理这些优先等级较低的事情。

你周围的人会一直挑战你，直到你决定为他人服务，并做一些事情去满足他们的需求或战胜他们的挑战。如果你这样做了，你会在经济上得到回报，并且可以活得自由过得精彩。我们可以拒绝被外界那些不激励我们的事情所影响，专注于自己最擅长的领域。这会使我们具有竞争优势，这才是有深刻意义的，这才是真正的服务。我很感激我在17岁时发现了自己的天赋。

心理学家劳伦斯·科尔伯格指出：大多数人都活在基本的生存本能和直觉里，即避免痛苦并寻求快乐，这与某些动物类似。商业广告和社会宣传告诉这些人买什么、做什么、怎样做，他们受其驱使并听令行事。在生活中的每一个领域里，你自己不做主就会有人来替你做主。当你失去能量时，就会被压制。如果你不能做自己的主人，那么世上的一些隐秘观念就会来做你的主人。但是一旦你为自己赋能成功，这些观念就变得毫无意义。你会意识到这是你的世界。你不再追随一种文化，而是开始建立和引领一种文化。你会看到更多的机遇而非障碍。

宇宙是一个游乐场

从18岁起，我就一直告诉自己：宇宙是我的游乐场；地球是我的家；每座城市都是我分享自己心灵的一个平台。除了我自己，没人能真正限制我或者控制我能做什么不能做什么。我很好奇，如果我们允许自己做一些非同一般的事情，并走上实现真实自我的道路，会发生什么。有一件事情是肯定的，那就是我们会变得更坚韧。

当你从自己的日常行为中得到反馈时，聆听并应用这些反馈可以帮你弄清楚自己是否在进步。假设你已经开始这样做了并且也不再害怕面对自己的发现——你所做的事情的真相，那么你就会知道自己的确投入地在做事。有了真正的目标，你就不再愿意相信幻想；你会想要优化自己的目标，学习如何更客观、更有节奏地进一步掌握它们。

一个真正的目标或目的是平衡的——不是制造焦虑和恐惧的单面幻想。在我们设立一个只包含友善幻想这个单一方面的目标时，我们会在自己的脑海里创造一个与之互补的、相对应的、恐惧的噩梦，以提醒我们这是一个不平衡、不完整的目标。此时，杏仁核在全力运行——试图获得没有痛苦的快乐。执行中心可以激活一部分更客观的意识去设立一个平衡的目标。它明白这个目标将会同时带来奖励和风险。因此，它会通过战略规划来调节这些奖励和风险，想办法让你平静下来，不去幻想奖励，同时降低风险，最后再将它们转化成真正的战略机会。此时处于全力运行状态的就是执行中心。

我的前女友翠西是一位曾在南非开普敦获得奖项的工程师和实业家。她发现一个乡镇上有两千多人没有工作，那里的失业率很高。她想，“这是一个挑战。我能为此做些什么呢？”于是，她从一个鸟瞰的角度观察那个区域，查看那里的资源。她在离那不到三英里的地方发现了一条铁路。她想，“可否让这条铁路改道，铺一段铁路让它直达这个区域来？如果作为一个社会倡议，由我来创建一家公司，制造车厢和火车头，并雇用这些人来为我工作，会怎样呢？”她选了三个地点来做此事。因为关心人并开始服务于人，她创办了一家价值数百万美元的公司。

我曾在爱尔兰和一位可爱的绅士共进晚餐。他四次登上珠穆朗玛峰，两次登上世界上的七大最高峰，徒步走到南极和北极，在西方人未曾涉足的国家和当地的原住民一起生活。他是一位探险家。他满眼含泪地跟我说，那就是他自孩提起一直热爱的事情。成为一名探险家是他一直以来的梦想。他制订了一个克服焦虑和恐惧的计划。每当他克服一个恐惧，就去寻找另一个恐惧，然后再努力克服它。这是他的策略。他激励着成千上万的人。他做过很多不同寻常的事。他所追求的就是不断探索自己内心深处最大的恐惧并克服它，然后再去探寻新的挑战。这就是他的生活。他因此而创造了一大笔财富。他是帕特·福尔维，一位鼓舞人心的探险家和领导者。

那些能够把人生中的任何境遇都当成助力而非阻力的个体，根本不会遇到阻碍。不管发生什么，他们都能够适应并满血复活。他们知道什么可以激发天赋、创新、创造力和解决人类问题的创新方案。简单的生活不会创造出新思想，也不会唤醒你的天赋。激励你的是通过追求挑战而培养出来的坚韧不拔的思维品质。

18岁那年，我立志要掌控自己的人生。当时的我还不太明白其中的真谛，但现在的我明白了：掌控自己的人生意味着唤醒自己的创意创新天赋，去想出原创的点子服务于人。我不想被外界所支配；我想为这个世界创造出一些激励人心的东西。

我相信你也一样。内心深处与生俱来的责任感让你想做一些了不起的事情来改变这个世界。你梦想着能这样做，但是把自己和别人进行比较常常会让我们止步不前。不过，如果将我们的日常行为与自己的最高价值带来的相关启发进行比较，就会产生惊人的效果。

当你内外一致并真实可靠时，你的自我价值会飙升。倘若我从事的是杯子蛋糕的烤制和配送，我可能不会很出色，因为烹饪和开车都不是我擅长的事情。如果你作为一只猫却期待自己能像鱼一样游泳，或者作为一条鱼却期待自己能像猫一样攀爬，你就会觉得自己有问题。

当你试图模仿别人的人生时，你会降低自己的配得感、自信心、创造力、创新力和成就。我们来到这人世间不是为了活成谁的影子，而是为了站在巨人的肩膀上。那些允许自己去做不同凡响的事情的人就是巨人。在本质和真实灵魂的层面，你什么都不缺，而在更虚幻的感官层面却似乎少了些什么。当你感知到并认为自己或他人内心有所缺失时，你会做出判断并暂时收缩自己的潜能。

正如玫琳凯·艾施曾建议我的那样：每天，写下你这一天内能做的六七个优先等级最高的行为——不是那些需要花好几周才能完成的项目，而是你当天就能够完成的行为步骤。如果你中途就把它们都做完了，那就再加一个。当你把增加的这一个也做完了，那就再加一个。但是，请不要让自己被未实现的目标弄得不知所措。你就坚持做那些你能做的优先等级最高的行为。做好记录，找到那些与最高目标一致且优先等级最高的行为。弄清楚哪些行为需要你亲自掌握，然后学会如何艺术地把其余行为委托给别人去做。如此一来，你的韧性将得到提高。

你也许并不渴望经营事业；你可能只想经营家庭。如果你打算与一个经营事业的人结婚，在家抚养孩子照顾好大后方，那么你可以通过成为最好的自己来服务于他们，然后再激励他们创建自己的事业去服务于家。如果你不能够直接或间接地服务于人，你也就不可能过上精彩纷呈的生活。因为只有服务于人才能让我们获得最大的意义和满足感。大脑由感觉皮层和运动皮层组成，其中感觉皮层接收奖励，运动皮层提供服务。英文deserve（值得、应得）这个词原本就来源于serve（服务）[①]。

闪亮的星

在一次研讨会上我结束演讲后，一对可爱的夫妇和他们的三个可爱的孩子一起过来找我。14岁的女儿说，"我给您准备了一个礼物，是一张DVD，我想把它送给您。"

"这是你制作的吗？"我问道。

"是的。"

表达完感谢后，我把它揣进口袋。那天晚上，在拉斯维加斯的机场，我用电脑播放了这张DVD。DVD里14岁的她以学校为舞台背景幕布，唱跳着《闪亮的星》，舞蹈是她自己编的，整个表演气势恢宏。她是维多利亚·阿玛拉尔，你可以在网上找到她的视频。

维多利亚9岁那年，她的父亲参加了我的产品发布会，买了我的每一张CD、DVD和每一本书。回家后，他开始听里面的内容。坐在汽车后排的维多利亚也跟着听，并完全理解了这些内容。

这个女孩对她父亲说，"爸爸，我知道我的目标和使命是什么了。

① 一语双关。值得、应得的英文是deserve，服务的英文是serve，它们有同一个词源"serve"。——译者注

我要成为一名优秀的女演员、歌手和表演者，因此我想参加一些专业课程。不管付出什么样的代价，我都要实现我的人生理想。”她把自己的使命和目标写出来，陈述清楚，然后聚焦于它们。她开始具备伟人特质，并发现那些她在别人身上看到的优点也存在于她自己身上。这就像淘金：不管是年轻人还是老年人，一旦掌握了相关的工具，惊人的事情就会发生在他们的生活里。我见过很多这样的情况。

这个可爱的小女孩开始应用这一原则。她去上她能上的每一节课，看演员和舞蹈家们的视频，朝着自己的使命前行。

我相信，那些用吃甜食和玩游戏来逃避人生中的第一个10年的孩子们并非天性如此。这些行为并不是在表达他们的最高价值，而是在体现出他们的最高价值正处在一种被压抑着的状态之下。倘若一个孩子很早就能够按照自己的最高价值来生活，那么他们从一开始就会做出非凡的事情。他们也不想只是玩耍、逃避和吃甜食。他们也想要完成自己的使命。我曾经在很小的孩子身上看到过这一点；这非常鼓舞人心。

看完视频后，我给她回了一封简短的邮件以示感谢并鼓励她努力实现自己的目标。那年晚些时候，她的爸爸参加了我在旧金山主持的“突破自我”研讨会。本来，维多利亚和她的妈妈也想来参加，但她周末有一场演出。演出前，她们路过旧金山。维多利亚递给我一样东西，这次不是DVD，而是一封信。我拆开后，看到的是她与迪士尼签订的一份利润惊人的商业合约。后来，她又签订了更大的合约。我真的不知道一个内外一致且倍受激励的人的极限在哪里。我只知道当人们与自己的最高价值一致时，不同凡响的事情就会开始发生。

伟人的特质

你是否赞同埃隆·马斯克正在做着超越常规的事？你是否看到理查德·布兰森已经做了一些超越常规的事？我们可以识别出他们身上那些让我们倾慕的特质。然后，明智地反思自己，找一找在哪些方面，我们也表现出了同样的行为和品质。我们来到这个世界不是为了用比较和判断来限制自己，也不是为了把别人捧上神坛或贬入谷底。一旦我们意识到这一点，我们就会通过内省和爱来反思自己，逐渐唤醒自己的意识，认清自己已有的品质，然后开始站上巨人的肩膀。我们不仅会遇到更多的机会，还会让自己做出更不同凡响的事情。

让我惊讶的是，当我花时间反思并让自己拥有这些伟人特质时，机会就一周又一周地接踵而至。每周末，在我的“突破自我”研讨会上，总会有人觉得自己身上缺少某些行为和天赋。我会向他们证明，这些行为和天赋从未缺失，只是以一种独特的形式存在于他们身上，并与他们的最高价值保持一致。

对于迷恋、憎恨、骄傲、羞愧、内疚——任何一种源于杏仁核的极端情绪，如果你不能理智地看待它们并将其当成一种反馈，它们就会阻碍你在执行中心的引导下成为生活的主人。在“突破自我”研讨会上，我会训练人们如何管理好杏仁核产生的情绪化冲动反应和本能反应，以便他们能做一些更有战略高度、更有意义、更不同凡响的事情。

我们问自己的问题决定着我们看事情的角度。不要问，这件事为什么会发生在我身上？要问，这件事情会从哪些方面帮助我实现自己的最高价值？大多数人会四下张望，说“我怎么负担得起？”，而不是说，为了让自己买得起，“我要怎样做才能得到丰厚的报酬”，或者“我要怎样做才能再赚一百万美元？”

我训练人们通过问一系列新问题来看见新的生活。你的内外一致性越高，你的配得感就越高；反之亦然。我的使命就是帮助人们找到自己的最高价值，规划好自己的人生；让他们在此基础上，以最激励他们的终极目标为中心，谱写出自己的交响乐。除此之外，我不知道自己还能做什么。

德马蒂尼方法

在伦敦的一场研讨会上，一位事业和经济双重受挫的先生说，他因一件25年前发生的事情而鄙视自己的父亲。他已经有25年没有和父亲说过话了。但是，对父亲在其他方面表现出来的诚实正直，他又十分钦佩。他的鄙视处于意识层面，而他的倾慕则处于无意识层面。

由于这种分裂的存在，你的大部分决策都是在储存于潜意识里的意识和无意识之间的分裂中进行的，而不是在有时被称为灵魂智慧的超意识中进行的。除非意识和无意识能完全融合在一起，否则它们会让你感到分裂，并掌控你的人生。

在这次“突破自我”的体验中，这位先生采用了我的德马蒂尼方法来处理他对父亲的矛盾情感；他在这一过程中十分努力。本质上，这个方法就是要让你去观察一个你对其产生了情感障碍的个人或权威人士。你得看到他们身上积极的行为特质和消极的行为特质，并把它们内化成你自己的特质。这是一个棘手的问题。他憎恨自己的父亲，所以很难同时拥有这些特质。面对父亲身上的某个特质时，他会有意识地自视甚高："我发誓，我祈祷，我永远不会像他那样。"而面对父亲身上让他钦佩的另一个特质时，他又会无意识地贬低自己。但是，对他而言同时拥有自己鄙视和钦佩的这些特质很重要。因为，只有在你能够把自己身上的英雄主义和流氓习气融为一体时，你才有可能做真实的自己和当一名领导者。你不需要为了成为大师而抛弃一半的自己。你应该做完整的自己，也应该明白你身上的每个特质都有它们自己的一席之地。

这一过程结束后，这位先生同时拥有了他父亲身上那些被他鄙视和钦佩的特质，放下了与之相关的情感负荷。他的意识更加完整；他的心扉也敞开了。他的双眼因为受到启发和感激而满含热泪。他想和父亲分享这一份醒悟。就在这时，他收到了父亲发来的短信。25年了，他终于收到了这条短信。我们似乎有一个连在场的物理学家都难以理解的量子纠缠交流系统。我称之为矩阵。

我们未爱过的事物会一直影响我们的生活，直到我们爱上它。我们不感激的事情也会一直影响我们的生活，直到我们感激它。我们评判过的东西也会一直影响我们的生活，直到我们超脱该评判。如果我们不能好好地爱身边的人，就不可能实现最高的自我价值。当我们最终懂得爱时，我们无须做出改变就能带来改变。这是因为我们不需要修复任何事情，我们只需要自主地看到事物的秩序。那些拥有最伟大的认知秩序的人最能改变这个世界，成为领袖。

专业知识

有时候，人们会问我获得专业文凭或进行专业训练是否有意义。我坚信：对于那些最激励你的事业和使命，你会尽自己所能去学习每一个相关领域里的相关知识；在这一过程中，你是包容的而非排他的。

我有一位年轻的咨询师，他10岁那年就参加了我的德马蒂尼方法培训。他现在快21岁了，有时会给一些知名人士做咨询。他阅读了近15000本书。他是一位专家，也是我们团队里最优秀的引导者之一。但是他却没有一个正式的文凭，因为他已经超越了任何学校。我不能说正式教育对每个人而言都是绝对必要的，但是我会说每个人都要去学习一切你能够学到的东西。在你想成为大师的领域里获得专业知识，并坚持学习，直到你掌握了该领域最前沿的知识。如果你每天花30分钟专注地阅读，那么7年后你就能站在这个领域的最前沿。

在专业学校学习神经学时，我如饥似渴地阅读了每一本我能够找到的相关图书。一次，神经学教授组织了一场考试。我写在试卷上的答案是：“A，根据哪一点哪一点，（或者）B，根据哪一点哪一点；过时的答案。”我把试卷上没有的答案也写了上去。然后，他给了我一个不及格的分数。我去了他的办公室说，“到底是哪一点让你给了我一个不及格的分数？”

“考试的时候，你不能那样作答。”

我说，“你是谁？你有什么资格告诉我，我不能做什么？”我搬了一箱神经学教材过来，一共45本，每一本书上与该题目相关的内容都用小纸条做了标记，然后说道，“你不是我唯一的权威，我还会用到这些权威。我要站在他们的肩膀上，超越他们。”我来这儿是为了学神经学，而不是为了给自己的知识设限，也不是为了通过一场过时的考试。

他说，“我不知道你这么认真，我还以为你是在跟我闹着玩。”然后，他把我请出了他的课堂，但给了我学分。每次他生病了，就会要我给他代课。所以，不要让世界上任何一所学校的现有水平阻止你去超越它。继续学习并制定更高的标准吧。

不当第一

两人互补的确可以成就一段良好的夫妻关系。如果你真的偏爱知识探究、商业嗅觉和财富创造，那么你极有可能吸引到一位专注于孩子、社交、美貌和购物的伴侣。如果你的妻子把孩子和家庭排在第一位，那么你就极有可能把事业排在第一位，否则你就没办法养活他们。

请意识到你不用和自己的伴侣拥有同样的价值。如果两个人完全相同，那么其中一个人就没必要存在。结婚不是为了及时行乐；结婚是为了找到一个人，然后把你价值体系里面排名靠后的事情委托给他或她去做。虽然我是在开玩笑，但是请你认识到这一点：如果你有美丽可爱的孩子，那么一定要有人把关注点放在他们身上——希望这个人不是你就是你的伴侣。尽管，在这种两人互补的情况下，也许双方都会或多或少地参与到对方的事务中去；但是，你们中的某个人还是极有可能需要扛起支付账单的责任。

许多人都活在幻想里，觉得自己需要一个把自己放在第一位的伴侣。我曾经在一次研讨会上就遇到过一位这样的女士。她的伴侣把她放在第一位。你们猜猜她是怎么想的？她简直想杀了他。因为他一天24小时都缠着她，要么亲密一番，要么待在她身边抱一抱，要么不停地给她打电话，时不时还要紧紧地拥抱她。她根本做不了别的事情。

我告诉她，“你并不想要你的伴侣把你放在第一位；你想要他差不多把你放在第四位。你想要他有一份工作，那是第一位的；有一些现金流，那是第二位的，对吗？也许还有一些别的东西可以排在第三位。

“排在第三位或第四位是一个更理想的状态，不要低于此，也不要高于此。因为，如果他把你排在第一位，你会觉得窒息，觉得不够自由；并且你也许还需要支付所有账单。你们想把对方排在第三位、第四位或者第五位。这是一种更实用的关系。因为，这时你的专长对你来说还是有价值的。”互补的状态会自动确保家庭关系中生产与繁衍的动态平衡。

再次强调，你的生活质量取决于你提出的问题的质量。问问自己，伴侣的最高价值是如何帮助你实现自己最重要的目标的？至少回答这个问题30到40次，看一看你的伴侣正在做一些什么事情来为你服务。这样一来，你就会对这个人充满感激之情，而不是试图不断修正和改变他们。然后，你的伴侣也会以同样明智的方式来回报你。如果你看不到你的伴侣在专心致志地为你服务，那么你的伴侣也不可能看到你在专心致志地为他们服务。如此一来，你们之间的对话就会缺少互相尊重的成分。你们可能会长篇大论，滔滔不绝，让这段关系处于崩溃的边缘。

认为自己的价值观是正确的并期望对方依其生活，这样的想法徒劳无益。你应该从对方的价值和激励他们的事情出发，去表达自己的最高价值。在婚姻里，你的伴侣就像一个客户或顾客。如果你还没有学会如何从顾客的角度去沟通交流，帮助其实现他们的最高价值，他们就会去到别的地方。

假设你的母亲过度保护和支持你，那么通常情况下你的父亲就会更坚定、原则性更强来平衡这种状态；或者情况也许刚好相反：你可能有一位和蔼、宽厚的父亲和一位咄咄逼人的母亲；又或者你的父母都对你呵护有加，而你的兄弟却常常踢你屁股。

第3章

潜意识里的意图

Unconscious Agendas

影响韧性的一个主要因素就是潜意识里的动机和隐秘的意图。你肯定认识那种嘴上说自己要做某件事，但实际上却一直在做另一件事情的人。

如我们所见，每一个个体都活在自己的优先等级排序体系里——将生活中的事情按照自己的认知从最重要或最有价值到最不重要或最无价值的顺序排列好；此事无关文化、宗教信仰、肤色、年龄和性别。他们不需要得到别人的鼓励，就会去实现自己价值清单里的最高目标：他们会自己激励自己。当你的所作所为支持自己的整套价值体系时，你会觉得骄傲和自豪；而当你的所作所为挑战着这套体系时，你可能会感到羞愧难当。

尽管我们的价值观没有对错之分，但大多数人都会认为他们自己的价值观是正确的，而别人的价值观则是错误的——除非这个人的价值观和他们的相似。如果相似，他们就有可能将其称为朋友；反之，他们就有可能将其称为敌人。当别人支持你的价值观时，你可能会认为他们是好人；当别人挑战你的价值观时，你可能会认为他们是坏人。你的内在道德准则和你的外在伦理准则与你的整个价值体系密切相关。这也是为什么，有时候人们会把价值观与道德伦理联系在一起或者混为一谈。

X理论型和Y理论型

20世纪60年代，社会学家唐纳德·麦格雷戈在研究管理学时发现，可以把人分为Y理论型和X理论型。Y理论型的人受自发驱动或内在驱动而行事。他们热爱自己所做的事情，是自我勉励型选手。他们做任何事情都是出于热爱。而X理论型的人则需要外部刺激和外在鼓励。

如果你雇用的人发现工作内容和他们的最高价值相符，他们就不会要求奖励、津贴、假期。他们会说，“让我做吧。”他们想要这份工作，他们想要为此服务。

相反，那些看不见工作内容是如何与自己的最高价值融合在一起的人则会要求假期、奖励和津贴。星期一的早上，他们会因为要开启一周的工作而郁郁寡欢；到了星期三，他们会觉得熬过这个忙碌的最高峰就好像翻过了一座山；等到星期五，他们会感谢上帝，周末终于要来了。

那些工作内容与自己的最高价值一致的人从不考虑放假的事情：对他们来说，休息和工作就是一回事儿。他们觉得充实。他们的最高价值就是自己的人生使命。他们热衷于为此服务，并获得公正的回报。

健康与疾病

这些事情是怎样与健康和疾病联系起来的呢？每当你做了某件符合自己价值观的事情，你的大脑就会倾向于多分泌一些诸如多巴胺、催产素、脑髓苷、内啡肽之类的化学物质。这类物质会或多或少地让你变得快乐并对它们产生依赖。因此，你会被那些刺激你产生这类化学物质的活动所吸引。人们在采取行动和做出决策前，会考虑这样做能否让自己拥有最大优势和最少劣势，以及能否让自己获得最多的回报和冒最小的风险。这些活动会刺激你的大脑分泌大量多巴胺、催产素、脑啡肽和阿片肽。

我之前提到过，除了神经元，我们的大脑里还存在另外一种细胞，叫作胶质细胞。一个神经元细胞对应9个或10个胶质细胞。它们可以反映出你与自己的最高价值的一致程度。任何时候，只要你觉得你做的事情有助于实现自己的最高价值，你的胶质细胞就会自动把前额叶执行中心里的神经元细胞髓鞘化。髓鞘这种物质覆盖在神经细胞的轴突（呈长条形）上，可以加快神经冲动的传输速度，从而增强你实现自己的最高价值的能力。当你自己的行为或者别人的行为挑战了你的价值观时，大脑就会分泌出另一类化学物质，让这些神经元细胞脱髓鞘，从而降低神经冲动的传输速度。抱以希望和助人为乐会让大脑的前额叶髓鞘化；无助和绝望则可以使大脑的前额叶脱髓鞘。

脱髓鞘类的疾病常常与长期的无助和绝望有关。人们已经发现，如果阿尔茨海默病患者能够找到一个既能激励自己又有助于实现自己的最高价值的目标，并在达成此目标的过程中觉得自己是有用的，就可以减缓病情的发展速度，改变正在衰退的脑细胞的功能并修复其中的一些细胞，从而让我们的大脑适应不断变化的感知环境。由此可见，我们的大脑具有生命力和神经可塑性。

44年前，当我刚开始从事神经学临床工作时，我们对神经可塑性的理解远不及今天全面。当时，我们对神经形成——新神经元的诞生还不太了解，也并不知道我们竟然可以锻炼或者重新开发自己的大脑，不过现在我们知道了。

我们在一套价值观和排序体系的指导下生活。我们努力实现着自己的最高价值。我们拥抱一切支持它们的事物，同时推开一切挑战它们的事物。我们由此建立或毁坏或重塑我们的神经系统。

当我们在人生中面对的支持和挑战达到平衡时，身体的适应能力最强。你可能听说过休斯顿医学中心泡泡婴儿[①]的故事：由于过度保护，他从泡泡里一出来就生病了。事实证明，我们的生理只有在支持和挑战的边界才能得到最大程度的发展。因此，尽管我们在发挥皮层下杏仁核的功能去努力寻找那些支持我们的价值观的事物，我们仍会不断吸引前来挑战它们的那些事物。如果只有支持，我们会一直处在幼稚的、依赖的状态。因此，我们把挑战吸引过来是为了让自己更早独立。支持和挑战处于平衡状态可以让我们得到最大程度的成长。

这也适用于生物生态系统里的猎手和猎物。猎物是我们用来合成代谢的食物，它促进我们生长，支持我们的价值观；猎手则不断挑战我们，攻击我们，让我们调整和变化。如若不然，我们就会停滞不前，饕餮不止，最终失去健康。

再次强调，只有处在支持和挑战的边界才能造就最大程度的成长与发展。然而，我们的皮层下杏仁核却总是在寻找没有挑战的支持。我们生活在一个矛盾的状态中：为了让自己得到最大程度的成长，我

① 是指把刚出生的带着免疫力缺陷的婴儿立刻放到形似泡泡的无菌茧床上，让其与外界隔离，以避免引起病毒和细菌感染。——译者注

们在寻找那些支持我们价值观的事物的同时，也在不断吸引那些挑战我们价值观的事物。你肯定听说过：同类相吸，异类亦相吸。我们既会被那些和自己相似的事物所吸引，也会被那些和自己相反的事物所吸引，以打破我们的幼稚依赖并促使我们成长。

两个神经系统

自主神经系统是整个神经系统的一部分，它控制着人们的生理——你的内脏器官、细胞和几乎所有的组织。它分为交感神经系统和副交感神经系统两部分。当你的价值观受到支持时，副交感神经系统就会被激活——休息、放松、消化。当你的价值观受到挑战时，交感神经系统就会被激活——战斗或逃跑。这两个系统中的任何一个被激活至极端状态时，都会造成痛苦反应。

真正的健康是两者的综合。支持和挑战处于平衡状态，可以帮助我们成长；自主神经系统的两部分处于平衡状态，则可以让我们保持健康。健康源自身体的平衡和完整。当我们感知到的支持多于挑战或挑战多于支持时，神经系统就会通过一些身体症状来让我们知道自己的认知失衡了。

你的每一个生理症状、心理症状以及社会学甚至神学迹象都是在试图让你恢复平衡，维持内环境稳定和真实的状态，也是在最大限度地提高你的韧性，让你适应不断变化的、纷扰的外部环境。痛苦是一种不适应环境变化的无能表现。因此，我们人生中发生的每一件事情，最终都会成为一种自我平衡的反馈机制。

交感神经系统主要在白天运行，因为此时你要应对生活中的挑战。它会激活红细胞，使其把氧气输送到全身。它参与分解代谢，分解你体内的物质，氧化你的身体。这就是为什么当你吸气的时候，你就激活了交感神经系统，从而把血液供给到外周肌肉去应对当天的挑战。交感神经被激活后，会把血液从内部的中央消化器官输送到外部的肌肉，准备进入战斗或逃跑的状态。与此同时，消化系统变得干燥，其功能也会减弱。如果你在这个时候吃东西，就会消化不良。

副交感神经系统则会在夜间运行得更加充分，因为此时你的身体处于修复和制造的合成阶段。它会制造白细胞并修复免疫系统。它会激活有丝分裂（细胞分裂）。这一过程主要发生在夜间。它还会激活雌激素和其他让你放松的激素。

如果你感知到并且觉得自己获得的支持比挑战多，就会分泌雌激素；反之，则会分泌睾丸素。处于高压状态下的女性有时候会长粉刺和多余的毛发。但是，如果她们突然觉得自己受到了支持，就会冷静下来，她们的皮肤也会因此变得光滑，甚至连那些多余的毛发也会脱落。

一个在白天消耗你的身体，一个在夜间建造你的身体。为了适应环境的变化，你不断调整和重塑自己的身体。这是一个分解代谢和合成代谢的过程。你的身体处在一个醒来、睡着、醒来、睡着和消耗、建造、消耗、建造的循环系统里。

倘若你受到的支持和挑战是平衡的，你会获得最大限度的成长、发展和健康。仔细回顾孩童时期，你会发现假设你的母亲过度保护和支持你，那么通常情况下你的父亲就会更坚定、原则性更强来平衡这种状态。或者情况也许刚好相反：你可能有一位慈母般的父亲和一位咄咄逼人的母亲。又或者你的父母都对你过度保护，而你的兄弟却常常踢你屁股。如果所有家庭成员都支持你，那你在外面就会受到霸凌。大自然让支持和挑战出现在人们的生活、社会以及生态系统中，因为它们能帮助人类进化、适应、成长，并变得坚韧。

倘若你不断寻求支持自己价值观的事物，你会一直处在幼稚、依赖的状态；假使你逃避挑战，则会一直吸引挑战你却又不激励你的事物。明智的人不会等待这类挑战来找自己，而是会主动出击去追求那些激励自己的挑战。如果你的日子没有被优先等级高的行动填满，它就会自动被优先等级低的行动填满。前者会激励你，挑战你；后者则会削弱你的斗志。这样的情况不仅发生在商业领域，也发生在我们人生中的各个领域。

你身体的每一个症状几乎都能够追溯到这两个系统上来：受自主神经系统控制的细胞功能过剩或不足。因此，当你感知失衡时，你会通过生理症状把该状况反映给意识，让其将这些失衡存储在心中或潜意识里，直到你准备好面对爱的真相和爱恨之间的同步平衡；存储的形式有冲动、本能、记忆、想象，其中冲动和本能会触发反馈反应。

你是否同意你的生活中曾出现过这样的事情：你原以为会很糟糕，但不久后你就发现其中隐藏着一些绝妙之处？与之相反的是，你最终也会在你原以为绝妙的事情里发现糟糕的一面。事实上，所有的事情在我们运用残缺的意识去评价它之前都是中立的。在这种意识不完整的状态下，我们的身体会产生一些症状来告诉自己：我们忽略了事物的另一面——我们只看见了支持没看见挑战，或者只看见了挑战没看见支持。任何时候，只要我们不愿意看到事物的全貌，我们的身体都会产生一些症状来迫使我们看到事情的另一面；一旦我们看到了，这些症状就会最终从我们身上消失。

单个细胞的反应与整个身体的反应相同。细胞具有细胞壁和细胞核。细胞周围有感受器、对刺激和激素做出反应的特殊糖蛋白、神经递质、神经调质、神经调节剂和神经激素。这些激素会激活二级信使——环磷酸腺苷和环磷酸鸟苷。这些小小的二级信使又会反过来引起细胞内外的离子运动，激活一系列酶，让细胞核知道它们是应该进行有丝分裂去创造呢，还是应该让细胞去自行消耗。

当你面临的挑战比支持多时，细胞就会减缓有丝分裂，因为它需要把资源从中心移到外部来保护细胞壁，使其免受伤害；这和我们把资源从内部器官移到外部肌肉，以从整体上保护我们的身体是一样的道理。

这些由感知引起的不同程度的反应，无论它们是温和的还是极端的，有时候都会被归为疾病。我们根据做出反应的细胞或组织来命名这些疾病。假设你理解了细胞生理学、核基因生理学、酶生理学，你就会知道哪种酶被激活了，哪些感受器被刺激了，哪些激素是活跃的，以及是哪些情绪引起了这些反应。

现如今，我们在医疗保健行业有很多高度专业化的细分领域，以至于我们没有一个充分的跨学科视角。因此，酶学专家和细胞生理学专家并不经常沟通。然而，明智的做法是全面观察病人以理解引起这些细胞反应的心理因素有哪些。你的身体揭示着你的意识。你越研究身体/心灵应用生理学和心理学，你就越了解身体的智慧和适应力以及其反馈反应或疾病的可能含义，你也就越谦卑。

如果你感知到的支持比挑战多，你的多巴胺分泌就有可能一直处于一个较高的水平，你会变得容易迷恋他人。当你迷恋别人时，你就会觉得他们是自己的同类而非异类，他们是朋友。请记住我说的：你的身份是围绕你的最高价值来确定的。你通过自己的最高价值来定义自己是谁。如果你看到某个人拥有类似的价值，你会喜欢或者迷恋上他们，因为你会对他们产生身份认同。你会对他们的缺点、差异以及挑战你价值观的行为和举止视而不见。但是，请放心，这些差别和缺点一直都在，且早晚会被发现。

对某个人的迷恋往往会让我们产生繁殖冲动。我认为这是因为，为了物种的延续，我们容易变得兴奋和迷恋并对负面影响视而不见；否则，我们就不会如此冲动地去做这件事情。如果我们真正了解繁衍会带给我们什么以及这个要和我们一起繁衍后代的是一个什么样的人，我们可能就没那么愿意生育了。正如我开玩笑时说的那样，这几分钟的活动可能会导致长达数十年充满奖励和惩罚的成长经历。

当你迷恋某人时，你会对他们敞开怀抱，他们变成了你的猎物，就好像你想要吃掉他们一样。听一听这些语言：甜心、杯子蛋糕、甜心派、糖糖、蜜糖、甜蜜小兔兔。与此同时，你也很容易轻信他们并被他们所伤害。你贬低自己以示对他们的尊敬，把他们捧上神坛。这就是我们说的坠入爱河，也就是陷入迷恋。当你把对方捧上神坛时，你就会害怕失去他们。你可能会开始（至少暂时性地）牺牲自己的优先等级排序体系和最高价值，去紧紧地抓住他们，就像我对那名西班牙模特所做的一样。你可能会对这种迷恋行为产生的多巴胺上瘾。因此，如果这个人离开了，你会经历戒断症状：你会感到悲伤、痛苦和懊悔。

当你把对方的价值观投射到自己的生活中去时，这些价值观会进入到你的潜意识。此时，你自己的价值观就会暂时屈居次要地位。你不再是真实的自己，你在试图成为别人。

当你对某个人着迷并贬低自己时，有一个明显的标志——你会对自己使用命令式的语言："我应该做点别的。""我应该这样做。""我应该那样做。"或者质疑自己："为什么我不能保持专注？""为什么我不自律？""为什么我一直在捣乱？""为什么我说了又做不到？""为什么我答应了又不能坚持？""为什么我总是在下决心却又不行动？"你做不到言行一致，是因为你将自己置于次要地位并把别人的价值观投射到了自己身上。这里的别人是指你所崇拜的人或者那些你暂时认为有权威的人。

当你设定的目标或意图与自己的最高价值不一致时，你在行动的过程中总是会想方设法回到自己的最高价值中去。你还会积攒怨气，因为你无法真正做自己。现在你已经出现了自主分裂：一部分是有意识的，沉迷的，它会激活某些生理反应；另一部分是无意识的，开始怨恨对方，并产生一系列不同的反应。你不可能只在某些方面拥有明显的功能过剩而不在别的地方表现出明显的功能不足。只不过，一种是有意识地表达出来的，而另一种则是被“压抑”着或无意识地表达出来的。

当有意识和无意识之间存在冲突时，通常无意识会获胜。即使你在有意识地试图遵循别人的价值观，你仍然会回归到自己的最高价值中去。你通过无意识做了许多决定。我们说自己想做某件事情，但又总是回到我们认为更有价值的事情上去。我们说什么并不重要；重要的是我们怎样做。

当我们迷恋上某人时，我们可能会暂时失去自我，失去自己的掌控权。因为，只有当我们活得真实并与自己的较高价值保持一致时，我们才能拥有最大的潜能和力量。

限制我们的七大恐惧

以下七种恐惧，会让我们故步自封，无法在生活中做真实的自己：

- 害怕打破某种精神权威的伦理道德规范；
- 害怕自己不够聪明，受教育程度不够高，不够有创造力；
- 害怕创业失败；
- 害怕赔钱或不赚钱；
- 害怕失去所爱之人；
- 害怕被社会排斥；
- 害怕不适、生病、死亡，或因缺少生命力和美貌而无法实现自己的目标。

这七种恐惧是自我贬低的具体表现形式，是把自己屈居于那些我们认为更有商业见识或成就、更聪明、更具精神意识或其他品质的人之下的结果。只要我们夸大别人、贬低自己，我们就会失去一部分自我，并有意识地努力成为别人。然而实际上，我们仍在无意识地按照自己的价值排序体系生活，但是又觉得自己这样做不对。事实上，从我们自身的最高价值观来看，我们并没有犯错；只有从外部投射到我们身上的价值观来看，才会觉得自己做得不对。这种觉得自己犯了错的感知不会发生在真实的、心智完整的个体身上。只有当我们把自己和别人进行比较，并把别人的价值观和期待投射到我们身上时，才会看起来像犯了错。

如果有人挑战我们的价值观和认知，我们往往会对他们关闭心门并产生怨恨。结果，我们就会把他们置于自己之下，变得自以为是。你是否曾怨恨过自己的配偶，在他们身边表现得自以为是，用居高临下的口吻和他们说话，就好像他们低你一等一样？当你把自己的价值观投射到别人身上，并期望他们遵循你的价值观时，你不可避免地会感到沮丧和无助。

倘若你因尊敬别人而贬低自己，你对不起的是你自己。如果你把别人踩入谷底，你对不起的就是他们。因此，不管你评价的是别人还是你自己，只要感知失衡，你就会变得忘恩负义。这会让你的身体和心灵产生一些症状。同时，这也是一种不太坚韧的表现。

不感恩会造成心态失衡，所以它可能是罹患疾病的最大诱因。大脑会觉得我们得到的支持比挑战多或者挑战比支持多。在心态失衡的情况下，我们无法达到一种自主平衡或充满感恩地“敞开心扉”的状态。感恩既是一种完全平静的状态，也是一种完美且同步的平衡心态。当我们不感恩时，我们会将自己的价值体系投射到世界上的其他人身上，并根据他们的行为来判断他们是支持我们的还是挑战我们的，而不是超越这个角度看到社会生活中固有的平衡。

当我们不尊重这种平衡时，身体会出现一些症状来让我们知道自己正在做什么。不感恩是收缩的而非发散的，它会让你变得沉重而不是轻盈。当我们感恩时，我们就会向外辐射并扩大我们的时空视野。当我们不感恩时，我们就会收缩自己，最终变得畏畏缩缩。但是只要你不存在不感恩的情况，你就不会畏缩。

在我的“突破自我”研讨会上，我们会帮助人们找到他们自己真正的价值排序体系。事实上，大部分人并不了解自己的价值体系。他们如此习惯于屈从外界的权威人士，并把这些权威人士的理想投射到自己的生活中去，以至于他们混淆了自己的身份与真实的自我，并通过身患疾病来让自己再次回到真实的状态。我们的生理机能反馈系统和心理直觉正在试图把有意识和无意识拉回到协同一致的状态。当这种状态出现时，我们生活得最充实，此时的我们也最受鼓舞、最健康、最坚韧。

我们大多数人都至少曾经立下过几个没能坚持下去的新年愿望。通常情况下，80%的人会在一两个星期内放弃。这是因为他们没有根据自己真正的最高价值来设定目标；他们设定的常常是单方面的幻想。

在我看来，抑郁症不是一种疾病。我知道制药行业和某些专家喜欢宣传生理疾病的概念，诸如神经化学失衡模式等。但是我处理过的成千上万个案例告诉我，这并不是真的。我认为抑郁症是一种反馈机制，让意识心智明白，它正沉迷于不切实际的期望或幻想中。

只要心陷幻想，我们就会做出自我平衡的反馈反应，让身体产生一些症状，以打破这种沉迷。我们的身体非常智慧，它能够通过一些超乎寻常的事情来唤醒我们做真实的自我。当我们恪守自己的最高价值时，我们会变得更加客观或中立，能承受住同等程度的痛苦与快乐、支持与挑战。反之，当我们无法恪守自己的最高价值时，我们会变得更加主观极端，去寻找即时满足，同时唤醒自己的冲动本能并对此成瘾。成瘾人格既是未实现的最高价值的副产品，也是因误解而产生的狂喜幻想和创伤噩梦的副产品。我们的最高价值的实现程度越低，我们对某件事情成瘾的可能性就越大，无论它是食物，还是兴奋剂等。我们在寻找即时满足，因为我们的内心深处感受不到启发和圆满。

人们会有意识或无意识地做一些超乎寻常的事情来实现自己的最高价值。我曾经遇到过一个案例，这位女士为了让她的家人回来探望她而患上了绝症。她对孩子们提出了不切实际的要求和期望，让他们觉得压抑和窒息，于是他们只好尽可能地远离她，散落到世界各地。她曾多次想利用愧疚感让孩子们回来，但是都失败了。最后，她身患绝症，所有的家人都回来了。

我曾与这位女士合作过，我请她分享了自己从这种所谓的疾病中获得了哪些好处。突然间，她意识到了其中的一个——这让我热泪盈眶——“哦，我的上帝，我终于把家人聚在了一起。我已为此等待了

30年。”

另一个例子：我与糖尿病患者合作，发现他们身上有某些共同的特征。他们喜欢自己做决定，不愿听从别人的安排。他们更容易自以为是和愤愤不平，并且喜欢把自己的价值观投射到他人身上。倘若你想要他们做什么事情，通常情况下，要让这件事看起来像是他们自己做的决定才有用。

另一方面，血糖低的人则会局促不安：他们会贬低自己。当你觉得自己受到了挑战，变得愤愤不平、自负满满、骄傲自大并自以为是的时候，你的血糖就会上升。当你感受到了支持和甜蜜，开始缩小自己并产生卑微感和羞辱感时，你的血糖就会下降。血糖低的人容易展现出卑微、局促的一面。在与他人的关系中，他们会贬低自己。研究人员发现猫患糖尿病的概率更大，而狗则患低血糖的概率更大。你不能要求猫去做什么，但是你可以告诉狗该怎么做。

一位长期患有糖尿病的病人来到我的办公室，此时已经是糖尿病晚期。她开始出现失明的症状，脚也开始产生溃疡，毫无疑问她正在经历着神经病变。医生说，“情况还会逐渐恶化，她必须实施注射并监测胰岛素水平，她会渐渐失去一些能力。”

在此之前，我有一位病人因为糖尿病和并发性周围神经病变已经准备要截肢了。后来，我们用了一种特殊的医疗方案，通力合作挽救了他的腿。他的血糖也回归到了正常范围。我们在他身上创造的巨大变化给了我信心，让我觉得我们也可以为这位女士做点什么。

我把这个医疗方案呈现给她看。毫无疑问，任务是艰巨的：运动锻炼、饮食调整以及处理好心理感知与期望。

她羞愧地看着我，说："德马蒂尼博士，我知道您说的是什么意思，但是我不能那样做。"

"我对结果充满期待。我知道我们一定会取得好结果。"

"德马蒂尼博士，我不是为此而来。"

"您是什么意思？"

"您看到那边那位可爱的非洲女士了吗？她推着坐在轮椅上的我到处行走。她已经陪伴了我八年。她爱我，而且知道关于我的一切。她是我生命中最亲近的人。如果我从轮椅上站起来，重新开始生活，那么我将会失去她。对我而言，由此带来的挑战和责任比留在轮椅上等死更加可怕。我四处寻找所谓的解决方案，因为这样做能够让我继续得到护理和收入。但实际上，目前的我宁愿死也不愿意再次承担这种责任。"

有时候，你可以在这些病人身上看到他们的无意识动机。当你开始让他们走向健康时，他们会想出一些机制来逃避，因为他们从疾病中获得了好处和隐性收益。许多疾病都是一种有意识或无意识的策略，用以达到各种目的。

我认识一位女士，她的丈夫打算提交离婚申请，和一位小她20岁的女人私奔。发现这件事情两周后，她被诊断出乳腺癌I期。失去他、失去自己的身份和孩子们的想法致使她出现了患病症状。当我问她一些问题并揭示出她的无意识动机时，她哭了。她不敢相信自己竟然会通过伤害自己的身体来确保那个女人无法得到她的丈夫。当丈夫决定放弃离婚申请时，她的I期乳腺癌罕见地自发缓解了——病变组织被纤维化并消失了。有时，我们会忍受超乎寻常的事情来实现自己的价值。

成瘾是一个标签

成瘾是拥有不同价值观的人贴在你身上的标签。当你做一些事情来实现自己的最高价值却深深地挑战到他们时，当你的某种行为比他们多时，他们就会给你贴上成瘾的标签。一个和你一样爱喝酒并喜欢与你一起喝酒的人不会称你为成瘾者，他们会称你为朋友。但是，倘若你做了挑战他们价值观的事情，并且喝得比他们认为你能够承受的多或者喝得比他们多，他们就会开始给你贴标签："你是一个嗜酒成性的人。你需要得到帮助。"英文Diagnosis（诊断）一词源自希腊语，是dia（通过）和gnosis（知识）的组合，但也可以理解为di（两个）和agnosis（不知道）的组合。瞎子给盲人领路。诊断并不是一门绝对科学；有时它只是一个标签。

美国梅奥医学中心是世界上最受人尊敬的诊断中心之一。它发现在比较过第二意见和第三意见或尸检后，只有50%到75%的诊断是完整的、准确的。有许多假阳性和假阴性。如果有人暴饮暴食或受其他因素影响，别人可能就会最终给他们贴上成瘾者的标签。倘若有足够多的人给他们贴上这样的标签，他们就会开始相信自己就是这样的人。你有没有见过嗜酒者互戒协会里的人？有时，他们会从沉迷于酒精变成沉迷于戒酒。他们把自己的成瘾行为转变为一种更容易被接受的形式。这样一来，他们就可以在社会上正常工作和生活，不被标签化了。

最近我与一位喜欢暴饮暴食的女士一起合作；我认为她在我旁边时至少吃了五盘食物。她一直在请求我帮她控制饮食过量。她的意识对她说，“我要停止进食。这太要命了。看看我现在都成什么样子了。”因此你清楚地听到，“我想停止。我不应该这样做，我应该那样做。”注意这里面包含的命令语气。

我问她的第一个问题是，“现在让我们开始弄清楚，吃这么多东西能下意识地给你带来什么好处？”

“没有好处。”

“不。无论是有意识地还是无意识地，倘若某种行为给人们带来的害处多于益处，他们就不会去做。你说你没有从中获得任何好处，但是很显然它给你带来了一些好处。我们现在就是要把这些好处揭示出来，然后把它们从无意识状态调整到有意识状态，从而明白为何此时的你会有这样的行为，并告诉你如何让其变成一种更令人有成就感的形式。因此，让我们一起来找到过度饮食给你带来的好处吧。”

“我想不到任何好处。”

“再仔细想想，”我说，“好处是什么呢？这些好处可能是精神上的、心态上的、经济上的、社交上的、身体上的，或者也有可能和你的职业和家庭有关，让我们转动起生命的车轮，仔细找找看。”

她再一次说道，“我想不到任何好处。”

“这是什么意思呢？”

“我不想找到那些好处。我不想知道我这样做的真正原因。”

当你要某个人去寻找无意识层面的好处时，如果他们在一两秒钟之内就回答你说找不到，这只能说明他们没有真正尝试去寻找。他们只是想坚持目前的认知，不愿相信可能存在这样或那样的动机。

最终，我们找到了第一个好处。这让她眼眶泛泪。我们发现她的父母和兄弟姐妹都很胖，如果她不表现出肥胖的一面，就无法融入到她的家庭。这真是一个奇怪的好处。

后来我们又发现，在她很小的时候，比她大两岁的姐姐常常因为嫉妒她得到的关注而推她、打她。姐姐的体形比她高大。因此，为了让姐姐不再推得动她，她就得确保自己吃得比姐姐多，长得比姐姐壮，然后才能够与姐姐对抗，推回去。

已经找到两个好处的我正在为发掘更多好处而努力。然后我们就发现了第三个好处：肥胖的人体重下降后，皮肤会变得松弛。因此，每当她在节食的过程中看到自己的皮肤开始松弛时，就会想："这是我无法忍受的。"于是，她又开始进食，以使皮肤再次变得光滑。

我们还发现了另一件事情：她尝试过一种激进的节食方法并减掉了一些体重。之后，她碰到了一个男人向她示爱。这个男人在成功追到她之后，又把她抛弃了。因此她发誓，"我再也不减肥了，因为我再也不想变得如此脆弱。"

白天，我们找到了79个无意识层面的好处。当晚，掌握诀窍的她回到家后继续努力寻找，最终发现了150个好处。

第二天，她对我说："我真的无意去减肥，对吗？"

"从你目前获得的好处和价值来看，是这样的。你减肥的意愿不强。"

"这就是为什么无论我做什么，无论我采用何种策略，我都会立刻回到原点，就像恒温器一样，纹丝不动。”

“能意识到这一点，真的很棒。因为你的决策就是基于优势与劣势、回报与风险之间的权衡。”

“这对我来说非常具有启发性。”

在这150个原因中，有40个让她热泪盈眶，并产生了深刻的领悟。一旦我们把无意识层面的动机转移到意识层面，我们就有了努力的对象。

我没有评判她，也没有给她贴标签，更没有责怪她，说她错了或者意志薄弱。事实上，我说：“是时候拥抱一下你自己了。”

“为什么？”

“因为你太智慧了，用暴食这一种行为就让自己获得了150种好处。这真是聪慧的表现。给你自己一个拥抱吧。”她展现了自己在决策方面的聪明才智——用一种行为换来如此多的好处。

我不会错误地给人贴上成瘾者的标签。我不认为这样做有什么建设性。我敬佩他们的才华——能从一种行为中获得如此多好处。我说，“你现在知道自己的能量有多大了吧？能够用一种行为换来这所有的好处。”

“现在我知道了。”

“既然你有能量做到这一点，那么你也有能量开启新的行为。我们可以把这些好处分类，然后从各个角度找到它们的替代行为。”

“那么，我们该怎样做呢？”

“我不会要求你不吃，但是我们要把这些好处具象化，将其变成各种各样的事情。然后，你可以选择做这些事情，也可以选择吃你想吃的东西，不必考虑对错。”

“我要做什么？”

“我们要想出4—5个除了吃之外的切实可行的替代行为来让你获得那些好处。”

从第一个好处开始，我问道，“你如何在不靠吃饭长胖的情况下成为家庭的一员并融入其中？除了和他们一起吃东西之外，还有没有什么别的家庭共同活动是你可以参与的？”我们写下了4—5个不同的替代行为，比如一起看电视、看电影、去教堂。我们看了看这4—5个不必吃胖也可以成为家中一员的替代行为。然后，我们为这150个好处中的每一个好处都找到了4—5个可行的替代行为。也就是说，我们一共找到了750个不同的可行的替代行为。

在这个过程中，有些是重复的，所以最终只有40个实际可行的替代行为。然后，我们确定了这40个行为中优先等级最高的，即出现次数最多的行为。

价值确定

把这些替代行为列好清单后，我会用德马蒂尼方法来确定它们的价值。通过观察这位女士的生活，我确定了她排名前三的最高价值。是什么占据了她最多的时间和最大的空间？哪些行为最能让她精力充沛？她在哪些方面花钱最多？在她对理想生活的想法、内心愿景和内心对话中，哪些占据着主导地位并最有可能实现？她在哪些方面最具组织性，又在哪些方面最自律？她跟别人谈论最多的是什么，最能激励她的又是什么？她一直坚持的长期目标是什么？我观察她的生活，是因为每当我问人们他们的价值观是什么的时候，他们往往会不自觉地撒谎。我并不关心她的理想或幻想，我只关心她的生活所展示出来的东西。

如果我去一家公司给它的领导人或管理团队作报告，他们往往会歪曲自己的价值，甚至有时候还会自欺欺人。他们用社会理想主义来促进市场营销，而不是关注真正推动他们及其公司向前发展的动力。我曾经与一家林业公司合作，他们写下的使命宣言是这样的：致力于为国家带来最具成本效益的林业、木材和纸制品。但真实情况是：公司的首席执行官小时候非常贫穷，没有纸可以用；于是，他下定决心要让地球上的每个孩子都不再受到这样的屈辱；因此，他把自己投身到了公司的发展建设中去。他真正的深层内在动机源自童年的不幸，而表面动机则是他精明的销售公司想出来的。重要的是找到驱动你前行的真正价值，而不是表面价值。

我们在人前戴着面具，内心深处却有着不一样的想法。让我们识别出真正的核心价值吧。

回到暴饮暴食的那位女士身上。一旦确认了她排名前三的最高价值，我就会启动一个联结与断开联结的程序。在这个过程中，我会把新的可行性替代行为与这三个价值联结起来，同时把她之前的暴饮暴食行为和这三个价值断开联结。

“第一个新的可行性替代行为具体会从哪些方面帮助你实现自己排

名前三的最高价值？”至少回答这个问题30次。

依次对以下五个可行性替代行为中的每一个行为做此问答。

然后，就开始断开联结，问：

“之前那个暴饮暴食的行为具体会从哪些方面阻碍你实现自己排名前三的最高价值？”至少回答这个问题30次。

如此循环往复。

第一步：确定咨询者从这个所谓的成瘾行为中获得了什么好处，此案例中的成瘾行为是暴饮暴食。

第二步：确定可行性替代行为。

第三步：确定咨询者在生活中展现出来的真正的价值，因为这是他们的决策依据。

第四步：确定出现频率最高的、排名前五的可行性替代行为，并把它们和咨询者的最高价值联结起来。

第五步：让之前的所谓的成瘾行为——暴饮暴食和咨询者的最高价值断开联结。

第六步：确定并斩断导致成瘾的原因。没有原因就不会有相应的成瘾行为。无论你追求的是什么，你都在避免它的反面。

第七步：用德马蒂尼方法来平衡之前存储于意识里的迷恋与憎恨，幻想与噩梦，陶醉与煎熬，骄傲与羞愧。

如前所述，你可以通过提问把可行性替代行为和价值联系起来。这个可行性替代行为具体会从哪些方面帮助你实现自己排名第一的最高价值？我会让咨询者回答这个问题30次。然后再问：这个可行性替代行为具体会从哪些方面帮助你实现自己排名第二和第三的最高价值？

然后，我会把第二个可行性替代行为与排名前三的最高价值联结起来。之后，是第三个、第四个、第五个。最后，我会把这五个可行性替代行为都与这三个最高价值联结起来。

当你把某个事物与你的最高价值联结起来后，你的少突胶质细胞就会把前额叶的神经髓鞘化。这样一来，你的感官机能和运动机能就会在新的条件下和神经重塑的过程中，朝着这个新方向发展。这些事情都是瞬间发生的。就在你问这个问题并回答它的那一刹那，你的神经系统就已经开始改造它自己了。我把替代行为与这些最高价值联结起来，以改造神经系统。一旦我这样做了，咨询者就会开始用不同的方式来看待这个世界。如果我把这些可行的替代行为与他们的最高价值联结起来，他们的感知意识、决策和行动都会朝着那个方向发展。但是，明智的做法是要想出至少30个好处来加强它们与最高价值之间的联结。

第五步是为了让最初的成瘾行为与排名前三的最高价值断开联结。在处理前面那个暴饮暴食的案例时，我问："过度饮食这个习惯是怎样干扰你排名前三的最高价值的？"因为，如果你在他们没有可行性替代行为时指责他们的成瘾行为，你就是在制造压力、焦虑和罪恶感。这会让他们继续陷在那个成瘾活动里：大脑会进一步髓鞘化来逃避责备。最初的所谓的成瘾行为与最高价值之间存在一条神经通路。你需要先准备一个可行的替代行为来使大脑髓鞘化，才能够在不制造焦虑的情况下将这条神经通路去髓鞘化。当你看到那些被当作不利条件的行为时，或者当你看到那些挑战你的最高价值并为其实现增加不利条件的行为时，你会去髓鞘化旧的大脑神经通路，并利用神经可塑性让自己朝着新的更具可行性的方向前进。

我会问咨询者，“这个行为还从哪些方面影响了你实现自己的最高价值？”我会要求他们获得至少30个断联答案。因为有了可行的替代行为，现在我就可以在咨询者不感到焦虑、愧疚或羞耻的情况下统计原有行为的缺点。每次与可行性替代行为建立联结，并与原有行为断开联结后，他们对替代行为的兴趣会逐渐增加，迫不及待地想第二天一早就用新通路来实现自己的价值。如果他们还没有那么强烈的自主愿望去尝试新事物，那就说明你做的联结工作还不够。

第六步确定并斩断导致成瘾的原因。至今，我还没有碰到过一个没有原因的成瘾行为。通常情况下，一个成瘾行为对应着1—5个成瘾理由。这些理由源自你记忆中某件想要逃避的事情，因为它极度挑战着你的价值观，让你感到十分痛苦。

我在丹佛遇见了一位酗酒的先生。他来到“突破自我”研讨会，我们一起化解了他与父亲之间多年来的情感纠葛。父亲是一位酗酒者，有时候会非常暴躁和强势。母亲则完全相反，有时候会非常被动、软弱并过度溺爱他。妻子十分软弱而丈夫又特别强势时，会增加家暴发生的概率。这是一个很典型的案例。这样的家庭氛围持续了好几年，最终母亲在他4岁那年因病去世。

失去妻子后，这位父亲非常生气，因为现在没人来帮他照料基本的家庭生活了，因此他就让儿子承担了妻子的角色。此后，这个男孩要做饭，要做妈妈之前做的那些事情。在接下来的10年里，他对父亲的所有要求负责。如果他不照做，父亲就会打他。

等这个男孩长到14岁时，他终于开始觉得自己强大到可以获得独立了。于是，他对父亲说，“去你的吧！”他偷了父亲的卡车，和自己的好朋友一起开车出去了。结果，他们喝醉了酒，还撞了车。他的好朋友在这次事故中丧命，他也因此被送进了医院。

父亲知道后，来到医院对他说：“你让我现在怎么去上班？我不想再见到你。”

这个男孩带着这些认知上的创伤或隐疾长大。他不得不把最好的朋友的死埋藏在内心深处，因为他不知道如何面对。他的爸爸以前常常打他，他也不知道如何面对。因为在内心深处，不管父母做了什么，这个孩子仍然爱他们，但并不总是知道有何替代策略能用来处理这些挑战，进而产生了内心冲突。最后，他通过喝酒来处理这些存储在潜意识层面的感知。

不知道如何戒断会导致成瘾。通常情况下，你会为了逃避一个极端而去寻求另一个极端。因此，接下来就是要找到这些极端的感知是什么。

德马蒂尼方法展示了如何化解由以往的失衡经历引起的憎恨和情感包袱。我们不断平衡、中和、化解，直至内心除了感谢之外别无所有。只有等你不再是既往经历的受害者时，你才有可能掌握自己的命运。因为你逃避什么就会碰到什么，指责什么就会引起、吸引甚至成为什么；你想埋葬什么就会被什么所埋葬；你所抵制的也终将继续存在。通过让感知变得平衡来消除你的戒断动机，可以解放所谓的成瘾背后的潜在驱动力。

一旦你用德马蒂尼方法使这些戒断动机得到平衡、化解和赏识，我们就可以进入下一步：用提问的方式来揭示记忆中那些极度的痛苦和快乐，那些失衡的幻想和噩梦，然后再把它们重新拉回到平衡的状态。每当你的记忆中出现一个批评你的人时，请在真实或虚拟的世界里找到那个彼时彼刻给予你赞美的人。有人拒绝你时，就会有人接受和需要你。有人认为你愚蠢时，就会有人觉得你聪明。这是一个让认知从失衡回归到平衡的过程。我们习惯性地认为别人对自己的评价是正确的，因而没有花时间去寻找事情的另一面——存储在无意识层面等待着我们用直觉去揭示的那一面。

情感包袱

23岁那年，我写了一本书，内容是关于人类的健康与疾病跟幻觉的关系。在书中，我讨论了这样一个问题：人们在认知事物的过程中一定会产生一组相互对立的感知，无人例外。当你对某事的记忆存在偏颇——没有形成相应的对立感知时，就会形成情感包袱。只有当记忆回归到平衡状态时，你才能从中解脱。你的直觉正试图通过揭示被你忽视的一面来解放这种失衡的情感。它正在努力唤醒你的潜意识，从而让你拥有完整的意识并做真实坚韧的自己。

当我与你协同合作时，如果你被别人贴上了某种形式的成瘾标签，我会问你一些问题，帮助你用直觉揭示潜意识层面的内容和动机，从而使你摆脱记忆和想象中可能正困扰着你的情感内容。我会帮助你解决心态问题，使之回归平衡。起初，我可能需要用到一种时光倒流术来帮助你回忆从出生到5岁之间的往事。至于回忆从6岁到10岁、从11岁到20岁、从21岁到30岁等等一直到现在的事情，我只用德马蒂尼方法就够了。它能使你看到自己能让多少失衡的认知回归到平衡的状态。在这一过程中，渐渐地，你就不会再沉迷于友爱，也不会总想着逃避恐惧。因为你只能同时拥有它们俩。只要你感受到了没有快乐的痛苦或没有痛苦的快乐，你就建立了一个双相型成瘾戒断或亦爱亦怖的系统。

下一步是识别出那些你没有欣赏过和爱过的人——自己或他人。生活中任何没法让你说出谢谢的事情都是负担；它们让你成为既往经历的受害者，而非命运的主人。我帮助人们清除这些负担。除非你有基于杏仁核的满足感缺失和极端认知，否则很难对某事上瘾。

是的，我知道：我一直在研究成瘾遗传学，与之相关的基因有很多。但是，其中大多数基因的开启、表达、关闭和压抑都是通过感知及与其相关的自主神经系统表达和表观遗传表达来控制的。这是表观遗传学研究出来的新信息。

人们很容易陷入“我父亲这样，所以我也不得不这样”的观念里。这是一种替罪羊式的受害者心态。它会阻止人们为自己赋权，并让自己无法摆脱幻觉。

我们体内有巨大的能量和潜力。正如威廉·詹姆斯所说的那样，人类可以通过改变感知和心态来改变自己的人生。如果我们能控制自己感知事物的方式，我们就有巨大的能量来改变我们给自己贴的标签以及我们的机能。我并不是说每一个案例都能够用这种方式快速容易地转变过来。但是，在大多数案例中，我们的确有能量去扭转局面。这更多的是一种找到他们的意识动机或潜意识动机的技能。

当你理解了心智的功能和策略并能明智地使用它们时，就能够让自己在生理上和心理上发生深刻的转变。当你恪守自己的最高价值时，你就拥有了最大的潜能和强大的韧性。

我真的不知道心智的潜能边界在哪里；正如狄巴克·乔布拉说的那样，它可能没有边界。最近，我遇到了一位10岁的自闭症患者。他在天体物理学方面独开一窍，可以在几分钟之内读完一篇400页的相关文献，并能拍照似地记住里面的内容。我还见到过一些人，他们的疾病能够自动缓解。

亚伯达省卡尔加里市的一位医生给我送来一名患节段性回肠炎（又名克罗恩病）达11年之久的病人。她的身体饱受折磨——小肠溃疡、便血、腹部绞痛、胃胀、疲乏无力。她的内心满是冲突，父母对她的性取向方面的干扰让她感到混乱，无法应对。

再次强调，有时候父母压制什么，孩子就会表现什么。你谴责什么样的人就会培养出什么样的人。告诉我你谴责得最凶的是什么，告诉我你压制得最厉害的是什么，然后，我就可以告诉你你的孩子可能会在哪些方面努力“专研”。

在这个案例里，女孩在父母的压制下，越来越难走出来。因为社会情理中的准则和自己与父母之间存在的矛盾，使她又不知道如何处理这种情绪方面的压力，所以她从小就患有节段性回肠炎。

我用德马蒂尼方法帮她化解了许多情绪上的压力。之后，她向父亲和母亲敞开了心扉，释放了压力，并且将目光投向了更高的地方；同时，她也明白了自己为什么选择当前的职业，以及为什么吸引到了生活中的那个人。她感激得泪流满面。那天以后，她再也没有表现出任何节段性回肠炎的症状。

治愈聋盲

我在安大略的哈密尔顿举行过一场“突破自我”研讨会，参会的人员里有一名40多岁的男士。他生来就又盲又聋，但成为了一名推拿医生。因为欠缺听觉和视觉，所以他的动觉和触觉十分发达。他的手法十分专业，是一名了不起的推拿医生，人们从各地赶来求他医治。他带了一名女助理或者称为专门翻译，来帮助他用手和指头进行触觉交流。

在此过程中，我通过他的翻译问他，生活中最憎恨谁。答案是，他的父亲。出生时，他的脑袋在产道里被挤变了形（这样的情况时有发生，不过往往会慢慢回归正常）。父亲看到这一幕后，认为这个孩子的大脑存在缺陷。他无法接受一个大脑变形、神经失常的孩子。于是，这位父亲将赤裸裸的孩子从妈妈手中一把夺过来，扔在地上，就此离开，再没回来看过他们母子俩。不要觉得孩子们不记得这些事情。我带人们回到往昔，一起去发现那些令人震惊的、后来被确认为事实的经历。他们能够记住的内容真的让人难以置信。一些专家认为这样的记忆不可信，但记忆中的事情却又真实发生过；而且，在很多次回顾往昔的过程中，我们都发现了许多令人惊讶却又可被证实的事情。

大部分参与者都会在研讨中心忙到午夜时分直至完成这个德马蒂尼方法过程，但他没有。他回到家，独自研究到凌晨三点，才回答完所有的问题。

凌晨三点，灵光乍现。他的脑海里出现了尴尬一词，因为当父亲把他从母亲怀里夺过来时，他是赤条条的，这让他觉得很尴尬。他的脑海中不断回响着，“我不想看见他，也不想听到他说话。”他通过某种形式的躯体化[①]关闭了自己的听觉通道和视觉通道。

凌晨三点，这位男士通过新发现的联结，唤醒了大脑中的潜意识，完成了自己的人生拼图。他突然领悟到出生时的意外是一份礼物。因为正是在它的引领下，他才走进了治愈艺术的大门，掌握了让其名满天下的技能，并拥有了当下的生活。在这个被他认为是厌弃并只包含负面因素的事件中，他突然清晰地看到了那些缺失的、起平衡作用的积极因素。他感激不已；他敞开心扉，第一次觉得自己是渴望爱父亲的。他开始说：“我之所以成为医生，是因为那件事。我拥有了特殊的技能，也是因为那件事。我成了今天的自己，还是因为那件事。我现在觉得那并不是一个错误。它的背后存在着一个更深远的意义。”他不再是既往经历的受害者。

---

① 指心理顾虑变为躯体症状。——作者注

这位男士把整个过程录了下来，第二天早上带给我。他的回应模糊不清，但是某个时候我听见了背景声音里落地摆钟的响声。那一刻，他就坐在那里，感激不尽，欣喜若狂地感谢他的父母。他说，“噢，天呐！噢，天呐！我听到钟声了，我能听到了！”几秒钟后，他朝着声音传来的方向望去。40年了，他的视觉和听觉终于回来了。我至今保存着那盘磁带。如果你听了，你一定会大吃一惊、脊背发凉、满眼含泪。

第二天早上，我进来时，一些人正围着他。

“发生了什么？”我问道。

“昨天晚上，凌晨三点，”这位男士说道，“天生聋盲的我找回了自己的视觉和听觉。我现在既能看见又能听见。”我不得不坐下来，因为这太令人震惊和鼓舞了。

但是，就连这个惊人的康复结果也有好的一面和坏的一面；因为妻子一直是他的支持者，而当这种支持不再被需要时，给他带来的巨大挑战不亚于看不见和听不见。由于自然界需要一个支持与挑战平衡的状态，于是就出现了新的支持和新的挑战。

无论如何，我不知道一个平衡的心态在治愈身体方面存在着哪些局限性。由于在疗愈的过程中见证了太多的转变，1997年，我写了一本书，名为《细数你的福泽：爱与感恩的治愈力量》。

二十几岁时，我在休斯敦的MD安德森癌症中心附近工作，并与其中的一些医生和护士关系熟络。肿瘤科的护士长说：“当人们进来时，我们会根据他们的性格和态度进行预测投票，看谁能熬过去，谁不能熬过去。我们的准确率约为87%。”这些人本是绝症患者，但他们的有意识动机和潜意识动机往往决定了他们的生死。

价值论：对价值观的研究

认知论研究与知识相关的问题；价值论是它的一个分支，探讨价值观和价值；经济学源于价值论。

心理学家亚伯拉罕·马斯洛曾在其著名的人格与动机研究中说，如果我们没有足够的住所、食物、衣服和繁衍机会，我们就会去寻找这些东西。这就是生理需求。我知道缺衣少食、流浪街头、乞讨度日是什么感受。十几岁时，我曾过过那样的生活。

当你的基本生理需求得到满足后，你就会进入到安全需求的层次。一旦你获得了能够满足自己的基本需求的事物，你就会保护它们，不让任何人夺走。这是领地意识。如果你得到了食物，你就会想确保没有人来抢走它；如果你得到了性，你也会想确保没有人来抢走那个给你性的人。

一旦你拥有了稳定的安全感，你就会进入社交需求的阶段。你会在同龄人面前炫耀："看看我拥有什么。看看我得到的战利品。看看我即将到手的房子。"

接下来是尊重需求，最后是自我实现或自我满足的需求。至此，你得意识到周围的每个人都是一面镜子，他们能映射出你是一个什么样的人。不要觉得自己高人一等或低人一等；要为他人服务，帮助他们和自己一起实现理想生活。在这里，公正和公平占据主导地位。

生活中感知到的缺失会成为对我们而言最重要的东西。如果我们认为自己没有足够的钱，我们就会去追逐金钱。如果我们认为自己没有住所，我们就会去寻觅房屋。因此，我们的价值观基于那些感知上尚未被满足的需求。

从另一个角度来看，有以下六种不同的价值形式：

1. 如果我们有一个空白，我们就会想去填补它。

2. 如果我们有一个问题，我们就会想去回答它。

3. 如果我们有一个谜团，我们就会想去解开它。

4. 如果我们遇到一个难题，我们就会想找方案去解决它。

5. 看到未知的事物，我们就会想了解它。

6. 看到混乱的景象，我们就会想找到其中的秩序或让它恢复秩序。

我们不断努力去理解这个世界。我们给所有不合理的事情赋予意义。

价值论包含两个方面：利他价值和利己价值。如果我能够满足你的需求，回答你的问题，解决你的难题，解开你的谜团，帮助你应对挑战，我就有利他价值；那么，对你而言我就是有价值的。如果我能够解决自己的难题，回答自己的问题，填补自己的空白，那么我就有利己价值。

利他价值能给我提供一个收入来源；利己价值则会让我保留一部分收入。如果我只有利他价值而无利己价值，我能赚到钱，但是我会把钱花在别人身上而不是自己身上。如果我有很强的利己价值而无利他价值，我就不能赚到钱，但是无论得到什么，我都会积攒起来。如果我通过反思兼具利他价值和利己价值，我就会同时做这两件事情：

为人们服务，赚取收入，并保留一部分。

价值观的真正含义

全面的富足意味着健康、完整，因为此时的你是一个完整的你。这就是我所说的价值观。价值观并不一定要局限于更传统的道德和伦理：社会契约和虚伪理想只是价值观的副产品，而非价值观本身。你倾向于拥抱任何支持自己价值观的事物，并可能将其标记为好的。如果你遇到挑战自己价值观的事物，则可能会倾向于推开它并将其标记为坏的。

价值观可能与大多数人认为的不同。如果你问人们“你的价值观是什么？”，他们会用信用、真实和诚实之类的词语来回答，但是当我们深入了解他们的生活后，却发现情况并非如此。如果你观察他们如何使用自己的时间和精力，并在其身上研究之前提到的识别价值观的因素，就会发现并非全是关于诚实或正直，这两者是社会理想主义，在很多情况下还被称为是道德上的虚伪。

你的价值与你自主花费时间、精力和金钱的领域有关。我的最高价值就是研究人类行为规律并教授它们。我把自己的时间、精力和金钱都花在了这个地方。它占据了我的空间，让我自律，让我有所思、有所想、有所关注。它意味着我有一大块空缺：在这个领域里，我有很多未知问题想要理解和解决。我感觉自己就像一个身处糖果店的小孩。有这么多我不知道却又想要知道的事物。如果我没有这个空缺，我就不会看到它的价值。

真诚与脆弱

有时我会被问及如何在迷恋和怨恨之间找到爱的平衡，如何向自己关心的人敞开心扉并保持真诚。

我们不是来吹捧或贬损人们的。我们不要谦卑到不敢承认我们自己身上也有他们呈现出来的那些品质，也不要骄傲到不敢承认他们身上也有我们呈现出来的那些品质。我们是来这儿反思的，是来这儿张开双臂同时拥抱他人和自我的——意识到双方的卓越性和完整性。

在我的“突破自我”研讨会上，有一个这样的练习：列出我们最赞赏和最厌恶的人的特质、作为或不作为；然后反省并反思，在我们自己身上找到这些相同的特征、作为或不作为。如果我们欣赏一种行为，我们就会发现它的缺点。如果我们憎恨一种行为，我们就会发现它的优点。天平的两端就平衡了。只要我们诚实地看待自己，就会发现无论别人做过什么，我们自己也曾以同样的程度和频率对其他人做过同样的事情。当我们因自己的所作所为而感到过分自豪或羞耻时，就会找到其中的缺点或优点来平衡这种感觉。

然后，观察一下别人对你做过的事情，问问自己，谁在同一时间做了与之相反的事情来保持平衡？这会使你前所未有地意识到一种更高的秩序或宇宙中的固有智慧。一些神学家称之为上帝；其他人则称之为大组织场、隐含秩序、共时性原则、相反力量、递增律、矩阵等等。无论如何，生命中都存在着一个场，让生物体在支持与挑战的边缘得到最大程度的进化和成长。

数年前，我写了两卷书，名为《活细胞的奥秘》，书中讨论了生命和细胞的起源，以及它们是缘何在地球上扎根的。研究这个主题时，我被细胞宏伟而复杂的管理智慧所震撼。在这样的研究过程中，你会自然而然地感到谦卑。

我曾经和普林斯顿高级研究所的美国理论物理学家、数学家和生物学家弗里曼·J. 戴森讨论过这个问题。他承认宇宙中可能存在不同规模的智慧场：目前还无法用随机热力学完全解释细胞内发生的事情。我们应该谦虚地面对可能操纵着此系统的非人类智慧。即使把世界上所有的诺贝尔奖得主放在一起，组成一个超级大脑，他们也无法弄清楚单个细胞是如何运行的。然而，42亿年前，在所谓的人类进化出现之前，细胞就已经在完美地运行了。

考古学家可以从沉积物中挖出230万年前的一块粗糙燧石并将其描述成早期智慧的迹象，然后转过身来说，比这更加复杂的细胞不是智慧的迹象，这真的很耐人寻味！

在你的感知里，生活中总会有人支持你，也总会有人挑战你，你同意吗？当某个人支持你的价值观时，你会把他当成猎物或者某个你在寻求且可以敞开心扉的人。而当某个人挑战你的价值观时，你会把他当成猎手或者某个你想逃避并拒之千里之外的人。

第4章

表观遗传的重要性

The Importance of Epigenetics

康拉德·沃丁顿教授于1942年前后提出了表观遗传学（epigenetics）这一术语，并因此而闻名。表观遗传学研究基因外部、上方或周围的事物对遗传编码的影响，以及基因表达的调控开关。表观遗传学是当今健康领域最重要的前沿科学之一，与我们的生活和复原力息息相关。

最初，科学家们认为遗传是稳定的：基因通过有丝分裂——简单的细胞分裂——传递到子细胞中，等等。但他们也感到不解："是什么导致了细胞分化呢？"毕竟，如果子细胞与母细胞的基因明显相同，那么似乎就还有除基因之外的其他因素在导致它们改变形状、形态和活动。而且，尽管我们具有相同的基因型，但明显拥有不同的表现型，这不仅体现在我们的个体差异上，也体现在我们的细胞形态上。这是怎么回事呢？

为了解释这一现象，理论家们不得不提出一个高于简单细胞繁殖的概念。20世纪40年代，新的发现使得科学界能够去观察那些可能影响基因表达的因素。

混沌之初

让我们从身体的起源开始。生殖过程始于精子与卵子（两个被称为配子的生殖细胞）的结合。它们通过细胞的减数分裂产生：细胞把自身的两组基因分开，使得生殖细胞只拥有一半的染色体数目，从而可以和相应的生殖细胞结合形成受精卵。这个受精卵与有性繁殖生物除了精子和卵子之外的所有其他细胞一样，都是二倍体（精子和卵子是单倍体：只有来自父亲或母亲的一组基因）。受精卵通过有丝分裂生成子细胞，复制母细胞的遗传密码。

首次卵裂而成的两个细胞与受精卵相似。它们再次分裂，形成一个四面体结构的四细胞卵裂球。之后这四个细胞又被复制成八个细胞，再不断分裂出一个细胞簇，然后再进一步发展，依次形成桑椹胚、囊胚、原肠胚。

在原肠胚阶段（受孕后1—2周），已经可以看到一些明显的变化。此时，细胞正在发生显著的分化，从一种类型的细胞分化出各种类型的细胞。你会开始看到那些未来会发展成神经系统、皮肤、肌肉和血管的物质。

原肠胚进一步分化成三个胚层：外胚层、中胚层和内胚层。内胚层将发育成为肠道、胃和肝脏的内部衬里。

在发育的早期阶段，初始细胞即受精卵被称为全能干细胞。它拥有200—220种不同类型的细胞，这意味着它具有发育成完整生物体的潜能。

与此同时，外胚层开始发育出脊索和神经系统。到第三周时，神经系统已经开始形成。到第二周和第三周时，心血管系统和心脏已经开始分化出来。此时的细胞是多能干细胞，这意味着它仍然具有分化出许多种不同类型细胞的潜能，但并非所有类型的细胞。多能干细胞完全分化后会变成单能干细胞——我们出生时和出生后所拥有的细胞。单能干细胞是独一无二的、专业的，至此，我们就拥有了身体里的每一个功能所需要的细胞。

初始细胞是干细胞：一种具有分化潜能的细胞，且每一步都在分化。因为基因是相同且相对一致的，所以当分化发生时，基因型还是会非常一致。

是什么导致了细胞分化呢？母细胞和两个子细胞之间会交换信号。这就是光子相互作用，即使用光粒子来传递信息——基于光的细胞交互作用。

此外，细胞之间也会交换带正负电荷的亚原子粒子——基于正电子与电子的细胞交互作用。然后还会交换某些原子，诸如钙、锌、镁、铜之类，使得子细胞的功能发生轻微变化——基于阳离子和阴离子的细胞交互作用。随着细胞进一步分化，会产生最初被称为成形素的氨基酸递质和信号分子，因为它们改变着细胞的形态或形式。它们还被称为信号。无论如何，当一个细胞开始分裂和分化时，它会激活一系列独特的反应和新信号，来与新细胞进行交流。

最初，初始细胞是自己与自己发生相互作用，被称为自分泌。然后，它会和邻近的细胞发生相互作用，被称为并分泌。随着这个过程变得更加复杂，它可以与附近离得较远一点的细胞发生相互作用，被称为旁分泌（paracrine function）。这意味着细胞之间存在着某种联系。此外，这些细胞还会通过交汇点和纤维连在一起，并通过细胞壁来传递信号和交流信息。

随着细胞的不断分化，它们会产生各种各样的交互作用，曾经我们用显微镜都无法观察到这些作用。现在我们拥有精密的电子显微镜和类似的技术，这让我们能够像画地图一样把这个过程描绘出来。尽管仍然存在一些悬而未决的谜团，但我们对这一过程的理解每天都在增加。这多么令人惊叹啊！

最原始的成形素就是那些存储于亚原子粒子里带正负电荷的能量。1978年，彼得·米切尔因其研究细胞能量、离子载体所取得的成果而荣获诺贝尔奖。他探索了正负电荷进出细胞壁的过程，它们以腺嘌呤核苷三磷酸的形式为细胞提供能量。后来，还发现亚原子粒子和原子也能起到这样的作用；再后来，又发现特殊的氨基酸亦有此功能：它们由氮、氢和碳等元素组成。组织的建立涉及某种交流系统，它不仅能让毗邻的细胞相互作用，还能让距离遥远的细胞相互作用。因此，神经系统成了必不可少的交流工具，它能够通过交换电子和化学物质把这些小信号传送到身体的各个部位。

我曾经和斯坦福大学的威廉·蒂勒有过深入探讨，他是研究微能量的。我们发现成形素会激活细胞壁上的受体。这些受体主要由糖类物质和蛋白质组成。被激活后，它们会改变自己的形态，为带正负电荷的系统打开一扇门，发出信号让酶产生一系列连锁反应。

我可能还要提一提生物学家鲁伯特·谢尔德雷克的研究。他认为身体周围存在着影响这些酶的场，他称之为形态生成场。他认为这些场为这一过程增添了活力成分和电化学成分。此外，不仅细胞可以生成微毫伏的生命场，这些场还可以反过来改变简单细胞以及更复杂的多细胞的生命形态。很显然，过去那些用场来改变形态的实验已经取得了成功。也就是说，我们现在知道了场可以改变基因和表观遗传。

智能宇宙

尽管科学界仍在用唯物主义模式观察着这些过程，我们还是不能排除这种可能性——也许有一个更微妙的智力场在控制着我们的生命。科学家们认可量子场论：这个场被激活后，显示为带正负电荷的粒子或波以及与其相应且纠缠着的反粒子或波。在普朗克尺度单位更微妙的层面上，可能存在着一个智力场论：这个场的活跃性表现为积极和消极的情绪记忆及其反情绪记忆或想象，它们是同步平衡和纠缠的。

我们很快就会拥有第一台原子电脑，里面的量子比特、自旋电子和更先进的电子都能够利用原子内部旋转的电子来存储信息。当我们这样做时，可能会意识到我们正在从技术上与一个早已存在的信息基地建立连接。

这听起来几乎是一种形而上学的东西。但是，天体物理学家李奥纳特·苏士侃——因其对弦理论衍生物的研究而倍受尊敬——提出当星星吸走的信息进入黑洞时，这些信息并没有消失，而是以二维模式存储于黑洞的咽喉处或内壁上。然后，当黑洞生成另一个系统，例如星星或者甚至是一整个星系时，这些信息又会以三维模式呈现出来。这意味着信息可能是宇宙基础的一部分，并且我们也许正在为此添砖加瓦。但是，我们也有可能被该基础所控制，活在一个全息宇宙里。

这类似于那个关于数学的辩论：数学是一个我们创造出来应对混沌的概念，还是自然界实实在在的一部分。我倾向于相信两者都有：宇宙中本就存在数学，我们也发现了一些现象，它们最终近似于固有的、优雅的数学真理。我们可能也有理论数学，起初它似乎无法被证实或者没有关联性，但后来人们发现它具有很高的关联性。

我认为同样的道理也适用于智力。我觉得我们在增加智力的同时，也可能会发现一种更基本或更潜在有序的智能，它支配着宇宙的规律。乍一看，这似乎是目的论和活力论，但这种看似对称的、可保存的、不可摧毁的智能也许只是一种数学知识，未来的某一天我们会展开它并解码它。越来越多的证据表明这样的意识正在涌现和发展。

器官发育

回到胚胎发育阶段，即生物体发展或器官开始出现的时期。从细胞到组织再到器官发育（器官的生成），器官构成系统，系统构成整个身体。有些器官的发育开始得早完成得也早。有些器官的发育开始得早但完成得晚。有些器官的发育开始得晚完成得早。有些器官的发育开始得晚完成得也晚。此外，还有一些器官要在我们出生后才能完成发育。

在这个过程中，假设你的某个器官先天发育异常。先天性异常有各种不同的类型。有些人的肾是马蹄肾。有些人则脊柱侧弯成了C型。通常情况下，当你的一个器官发育异常时，别的器官也会异常。因为，在发育过程中的某个阶段造成某个器官发生遗传变异的因素（例如全身性毒素或致畸物，或糟糕的情绪）通常也会影响同一时期形成的其他器官。之后，我们的器官在发育过程中的任何阶段都有可能出现加速发展或滞后发展的情况。

单细胞原生动物变形虫选择、吞噬、吸收食物，并清除废物。它会趋利避害。它通过内吞作用摄取食物，外排作用排出废物。因此，一些生物学家认为它具有细胞智慧：它寻找对自己有价值的东西并避免对自己没有价值的东西。生存本能让它渴求营养物质，同时逃避有毒废物以保护自己。因此，它具有原始的细胞智慧。

倘若细胞智慧存在于单细胞生物体内，那么它也可能存在于细胞分化的每一个阶段。我认为的确如此；随着细胞的出现，确实存在集体智慧。我认为在某种程度上还存在着有待商议的组织智慧。

今天的科学常常采用机械的、简化的方法来研究，而不是从一个更全面的、更具活力的或更新兴的维度去研究。因为我们没有理想的跨学科交流，有时就会陷入局部思考而非整体思考。相比之下，基于整体维度的横向思维造就了这些领域的创新。

我们从一个（能够进行自分泌或细胞内信息交流的）单细胞开始，发展成一群（能够通过旁分泌和并分泌来进行细胞间信息交流的）紧密相连的细胞。它们在小小的时空内相互影响。随着不断的分化，它们建立系统来管理复杂的交流，并给更大的时空带来秩序使其更有组织性。神经系统、（能够让离得更远的细胞相互交流信息的）内分泌系统和循环系统是为了适应身体内更大的时空而建立的。

同样地，在我们以目的论或更明确的目标为导向去生活并不断进化的过程中，随着我们取得的成就不断增加，我们的时空视野也在不断扩大，将整个自我、家庭、社区、城市、州、国家、世界和太空都囊括了进来。意识的进化程度取决于我们内心最深处的主导思想所涉及的时空广度。

即时满足和缩小的时空视野会阻碍我们的生理和心理发展，降低我们对管理身体而言至关重要的高阶智力和组织能力，从而导致退化、疾病、生理障碍和心理障碍。这就是为什么按优先级较高的事项来生活会增加我们的良性应激，并提升我们的健康指数。

埃里奥特·杰奎斯在他的著作《必备组织》中指出，公司里那个能够管理最广时空的人拥有最大的权力。即时满足会让你付出生命的代价，而长期愿景则会从经济、管理、关系，当然还有健康等方面给你带来回报。拥有意义远大或目标明确的长期愿景和处在一段过一天算一天的关系里，是完全不同的。关键是在追求和规划长期使命的同时也要活在当下，去完成计划里优先等级最高的任务。

神经可塑性

神经可塑性指的是不断重塑大脑使其进化。当我在20世纪70年代后期开始学习神经学时，人们还不相信神经可塑性的神经形成部分会频繁发生。人们认为，在发展过程中的某个关键点，脑细胞会停止发育。后来，科学家们开始发现细胞受到神经组织的刺激后，会通过自发分裂和有丝分裂来形成神经。现在，他们还发现这样的过程可见于大脑的各个部分。

当人们让大脑主动对某事感兴趣或者目的明确地使用大脑时，他们就是在让自己的神经不断成长。以前，人们不相信也不教授这一点。大家甚至觉得这样的事情就连想一想都显得很无知。现在，有清晰的证据表明：我们完全能够像锻炼肌肉一样去锻炼我们的大脑。这一发现真的意义非凡。

现在我们来看看为什么以及怎样做。大脑由一系列不同类型的神经元和其他细胞组成。之前提到过的胶质细胞会搭建一个框架（你也可以称之为模板）来支持神经元的生活。胶质意为神经胶水。胶质细胞的基本功能就是给神经元提供营养物质，刺激它进行自我复制，修剪它，修补它，帮助它的突触自我增强，并吞噬已经死亡的神经元。

胶质细胞种类繁多。其中大多数和神经元一样起源于胚胎发育时期的神经母细胞，但也有一部分来自间质组织——血管源——并参与大脑的重塑。

其中一种叫作少突胶质细胞，因为它有许多小分支，看起来像一棵树。当你用脑时，神经元及其髓鞘会生长。当你不用时，它们都会被吞噬掉。它们像树一样被修剪。少突胶质细胞为神经元提供营养物质和髓鞘质，但其他类型的胶质细胞，例如星形胶质细胞和微胶质细胞，也会修剪掉细胞周围需要去除的髓鞘质。

然后还有微胶质细胞消耗者和星形胶质细胞支持者，它们是产生于血管区域的特殊细胞。此外，卫星细胞、放射形细胞、附睾细胞、施万细胞等许多细胞现在都被归类为胶质细胞。

过去十年，人们对胶质细胞有了更加深入的认识和理解，因此认为它们具有更加重要的意义。现在，它们被视为场的接收器和广播系统，并对受最高价值指引的注意力和意图做出响应。它们有许多功能。它们可以影响周围的神经元及相应的电磁场。

研究人员发现了一些非常惊人的事情。神经胶质细胞影响大脑里的感觉细胞、运动细胞、输入细胞和输出细胞。也正是在此时价值体系被牵涉其中：神经胶质细胞响应着你的价值排序体系。我们知道变形虫会为了生存在亚细胞层面重塑其结构。同样地，人类也会用大脑里的自我平衡反馈系统来重塑自己的组织和系统以最大程度地实现自己的使命——最高价值。你的大脑或神经系统是追寻最高价值的器官。它们在尽一切可能帮助你完成对你而言最有意义的事情——那些你所感知到的最缺失但又最重要的东西。它们会通过增强和修剪神经系统以达到这一目的。

你的价值排序体系决定着你的命运：你如何看待这个世界，如何决策以及如何行动。你会选择性关注在自己的价值排序体系里位于首位的价值。我称之为ASO[①]：注意力剩余秩序。我们非常专注——就有了注意力剩余——然后在意识中引入秩序的概念，这让我们把自己最看重的价值排在首位。一位母亲不仅有选择性偏见注意力，还会有选择性偏见意图。她会努力获得对她的孩子有益的东西。她甚至具有选择性偏见记忆力。她会主要记住那些有助于她实现自己的最高价值的

① 是Attention Surplus Order的缩写，意为注意力剩余秩序。——译者注

事情。如果你与她谈论她的孩子们，她更有可能记住对孩子们而言重要的事情。

当你遇见对自己有价值的人时，你会重复他们的名字并写下来，以确保自己不会忘记。但是如果你遇见的人对自己来说毫无意义，你就会在他们把全名说出来之前就忘得一干二净。面对低价值事物，我们会患有注意力缺失症、意图缺失症和记忆力缺失症，我们会犹豫和拖延。这些低价值事物对我们来说不重要，因为我们不想在记忆里储存一些让我们觉得对自己无益的信息。

你的记忆想象系统会根据你的价值排序来筛选。它们决定你喜欢阅读什么，你想要学习什么，你想吸收什么，你想融合什么，你想接受什么，以及你想采取什么样的行动。

当你的生活与你的最高价值协同一致时，胶质细胞会髓鞘化那些能实际上帮助你实现自己的最高价值的关键神经细胞。至于那些让你觉得在实现最高价值的过程中无用的细胞则会被胶质细胞脱髓鞘、修剪并吞噬掉。胶质细胞通过神经可塑性重构你的大脑结构，以确保你实现对自己来说最有意义的事情，并让你变得坚韧。

患得患失

自我调节路上的两大主要阻力是：害怕失去支持我们价值排序的事物和害怕得到挑战我们价值排序的事物。下面，我会将两者融合起来详尽阐述。

在你的感知里，生活中总会有人支持你，也总会有人挑战你，你同意吗？当某个人支持你的价值观时，你会把他当成猎物或者某个你在寻求且可以敞开心扉的人。而当某个人挑战你的价值观时，你会把他当成猎手或者某个你想逃避并拒之千里之外的人。你寻找猎物来填饱肚子，因为它们通过合成代谢帮助你成长。你逃避猎手以免被吃掉，因为它们可以通过分解代谢来消耗你。

我已经在前文讨论过副交感神经系统和交感神经系统。它们管理着你的内部生理机能。当你看见的支持多于挑战时，你的外部横纹肌就会放松，你的血液和营养物质就会流向内部消化器官。此时，你会消化食物进行合成代谢。

一旦遇见挑战，你的血液就会从内部消化器官流向四肢，做好防御，时刻准备着保护自己。这就像一座拥有城墙的古城。当城里的人觉得安全放松时，就会在市中心吃喝玩乐大宴宾客。但是，如果突然有人来挑战或袭击，他们就会跑到城墙上保卫自己的城市。

同样的过程也存在于细胞层面。你有细胞核、细胞壁和细胞质膜。当你的价值观遭到挑战时，营养物质会往外传送去保护细胞壁。而当你感受到支持觉得放松时，营养物质就会流到细胞核和基因里，引起有丝分裂、成长以及合成代谢。一个是衰败和破坏的过程，另一个则是成长和建立的过程。

正如我之前提到的那样，副交感神经系统主要活跃于夜间，是你休息和放松的时候；而交感神经系统则主要活跃于白天，是你常常因应对挑战而处于战斗或逃跑状态的时候。一个过程产生有丝分裂、成长、还原和复制，而另一个过程则造成凋亡（即细胞的死亡）、氧化和毁灭。

当这些过程处于完全平衡的状态时，你就是健康的。如果它们失衡了，你就会生病。副交感模式基于雌激素——放松和养育，而交感模式则基于睾丸素——应对挑战和发起攻击。

倘若你追求的是如何实现自己的最高价值或最终目标，你的整个神经系统就会变得更客观、更平衡，能够平等而坚韧地拥抱痛苦与快乐、支持与挑战，以使你健康。假使你为了寻乐而试图按照自己的较低价值去生活，你就会失衡。因为你是在追求无法得到的事物，并努力逃避无法逃避的东西。你越想要寻找满足感，你就越有可能吸引到猎手来占你便宜以保持平衡。

让我们来进一步看看细胞的结构。DNA存在于细胞核内，被由组蛋白和小蛋白物质构成的染色质所包裹。

副交感神经系统主要与乙酰胆碱打交道；交感神经系统则处理酪氨酸的衍生物肾上腺素、去甲肾上腺素等其他类似物质。胆碱能和肾上腺能是两类主要的神经递质。

当你感知到的支持多于挑战时，你得到的是其中的一类递质。当你感受到的挑战多于支持时，你得到的是另一类递质。它们随着细胞外液流到特定的地方，粘附在细胞壁上，激活与配体相互作用的受体，从而打开一些小门去唤醒环磷酸鸟苷或环磷酸腺苷。

这会打开一扇门，让某些信息进来。正如我所说的那样，似乎会在细胞壁上进进出出的微小带电粒子可以控制细胞壁的开与关。这将激活一系列激酶或磷酸酶，其中激酶增加磷酸盐，磷酸酶则去除磷酸盐，而磷是一种具有激活作用的能量货币。

这些信息交换的细节极其复杂，但是从本质上来说，细胞和整个身体系统都在朝着同一个方向运转。它正在打开或者关闭某种功能，推动或者抑制某种发展。一种是有助于生长的合成代谢，而另一种则是走向衰败的分解代谢。

当我们依照自己的最高价值生活时，我们就拥有了最强的适应力或韧性，因为此时的我们保持着平衡的状态，能够平等地拥抱支持和挑战。而当我们试图按照较低的价值来生活，让自己的终极目标笼罩在乌云之下时，我们就会觉得壮志未酬。我们寻觅着即时满足——消费主义和各种捷径。我们变得消极而不是积极。我们失去了灵感，过着令人绝望的生活。此时，我们的自主神经系统会被副交感神经或交感神经中的一方所主导。我们的身体也会因此表现出一些症状来让我们知道这一点。

简而言之，是否根据我们的终极目标和最高价值来生活，影响着我们的自主神经系统、表观遗传和神经可塑性。它会改变我们的心理功能。在某些情况下，还会导致精神分裂、抑郁症，甚至是癫痫的发作。免疫性疾病的日益普遍是自身产生的免疫反应，源于自主神经系统和表观遗传的失衡效应。

识别情感负荷

我们有所谓的感知阈值。有时候，别人挑战了你，但不足以引起你的反应；有时候，他们说的事情会让你烦恼；还有一些时候，他们说的事情会让你产生强烈的反感，准备与之干一仗。

在“突破自我”研讨会上，我们会要人们识别出让他们产生情感负荷的人：某个他们高度鄙视或高度倾慕的人。然后，写下他们记忆中关于这个人的一切——他们觉得负面的挑战自己价值观的事情，以及他们觉得正面的支持自己价值观的事情。

当他们觉得这个人带来的是挑战时，如果此时他们也能够感知到相应的支持来使自己的认知达到一个平衡的状态，那么他们就会变得更坚韧。别忘了韧性也属于支持你的那一方。当你迷恋某人时，你能在多长时间内意识到支持的背后也伴随着挑战，就能在多长时间内摆脱束缚，让自己回到本真的状态。当你因憎恨某人而变得自我膨胀和过于骄纵，拒不承认你在他们身上看到的问题也存在于你自己身上时，你需要多长时间才能平静下来回到本真的状态呢？对于那些你最初认为只有好的一面或坏的一面的问题和个人，你能够在多长时间内同时看到他们的两面，决定着你的韧性。

如果参与者高度憎恨他们选出来的那个人，就会对其优点视而不见，轻易写出很多消极点而不是积极点。倘若此时，这个人走进这间房会发生什么呢？哪一面会被激活呢？当然是交感神经战斗或逃跑的一面。我们会变得自以为是，贬低他们，用命令的语气对其指手画脚，“你应该这样；你不应该那样。”

但是，如果我们觉得进来的这个人是支持自己价值观的人，就会陷入迷恋而无法自拔。我们会感知到更多的积极面而非消极面，并对其缺点视而不见。

对于这些人，不管你产生的是迷恋的感情还是憎恨的感情，你都会对正在发生的另一面或一部分视而不见。这样的视而不见会让你陷入忧虑。如果你迷恋某人，你会害怕失去这个人，害怕他/她不在场；如果你憎恨某人，则会害怕摆脱不掉这个人，害怕他/她在场。每当你感知失衡时，你就会忽略掉一半的事实，我们称之为无知。

当我们处于情绪化、被动、不理性和分裂的状态时，我们的无知就会暴露出来。我们越不理性、越分裂，就越容易激活某个表观遗传效应来开启或关闭、增强或减弱一些细胞功能。而细胞的正常表达不足或过多则会导致疾病。

如果你遇到刚刚伤害过你孩子的人，你看到的负面会比正面多得多，负面与正面的比例可能会达到7：1，甚至15：1或者20：1。当两者的比例超过7：1时（无论是正面比负面还是负面比正面），你的负面反馈直觉将无法进行自我调节，无法让你回到自我平衡的状态。然后，你可能需要像德马蒂尼方法里的案例一样获得帮助，来促使你的感知重归平衡。

但是，只要两者的比率在7：1以内，你就能够通过自我监控让你的系统重归平衡。最终你的情绪也会平静下来。但是，如果你对极端迷恋或极端怨恨产生了高度情绪化的偏激认知，那么这种情况就已经超出了通过直觉来实现自我调节的范围。现在的你进入到了一个双相状态或几乎幻觉般的游离状态。只有外部干扰，或者知道怎样问出那些稳定人心的最佳问题，才能够帮助你重启自己的大脑情绪恒温器。

每个内外生态系统都会涉及支持与挑战的平衡。当你认知失衡时，表观遗传会让你的身体产生一些症状来使你自己意识到这一点。在“突破自我”研讨会上，我会问人们一些特定的问题，向他们揭示这种平衡。一旦达到平衡的状态，他们的生理机能和心理机能就会产生变化。他们的健康和幸福也会随之发生难以置信的转变。

只要我们积累扭曲的记忆，沉浸在那些故事里，并成为既往经历的受害者，我们就会造成表观遗传上的改变和退化。当我们的一种极端感知与另一种极端感知的比例大于7：1时，就会自动产生一些与之截然对立的寻求或逃避症状来让我们意识到这一点。当我们的情绪十分偏激并因患得患失而焦虑时，我们的生理机能就会退化，细胞的表观遗传基因表达也会分化，从而回归到原始反应状态。此时，某些基因表达也会退回到胚胎阶段。这与单细胞生物开始分化成多细胞生物时的系统发育阶段相吻合。癌症就诞生于此。当我们重新激活古老的、通常处于休眠状态的基因工具箱时，它们就被启动了。

癌症的起因

极端悲痛的偏激情感可以诱发癌症：我们在发展过程中的某个阶段，遇见的令人震惊的经历。任何让我们想起这段过往的事情都会激活它。研究人员已经发现，可以在表观遗传层面上被开启和关闭的，除了肿瘤基因和可以诱发癌症的病毒基因片段外，还有可以切断癌症遗传通道的抑制基因。

我已经在这个领域研究了45年。影响癌症发展的因素远不止肿瘤学界公认的那些。然而，在医疗保健行业，却很少有人承认这一点。

他们总是回避心理因素造成的影响，因为他们知道他们没办法真正控制人们的心理，人们也无法控制自己，这不是他们的卖点。但是，人们可能会经历极端的情绪压力，这就有可能快速诱发癌症并/或加速其发展。

虽然我们体内时常有癌细胞出没，但通常情况下它们都能被控制住。我们监视程序里的自然杀手细胞，会定期四处巡视，确定癌细胞的位置并把它们清理掉。

癌细胞具有异倍体性：染色体组数量不均衡。基因组中只有一小部分基因实际上参与转录过程。其余的基因以前曾被称为垃圾DNA。渐渐地，科学家们发现垃圾DNA并非垃圾。它内含调节元素，这些调节元素会在我们感到忧虑悲伤时被重新激活。

其中一些被称为跳跃基因，它们会改变自己的位置，造成类似于基因突变（如DNA片段的重复和删除）的表达。有些跳跃基因会向前转录成RNA和蛋白质，然后再反向转录回DNA。它们在细胞内就像病毒一样，可以激活病毒性致癌基因。我们的情绪会影响这些过程。

干细胞研究可以把皮肤细胞转化为正常的心脏细胞，反之亦然。10年后，这一过程可能会被完全描绘出来。我们将知道如何让一个正常的细胞变回受精卵；我们将能够从任何细胞中分化出其他细胞；我们也将能够使细胞重新生长以修复组织；我们还将能够从皮肤细胞中培育出一个全新的、不会造成排异反应的心脏。

当我们处于感恩和爱的状态时，血液和氧气会流向前额叶。如若不然，当我们感到忧虑悲伤时，血液就会流向皮层下杏仁核和后脑。

这意味着，当我们回归到一个皮层下脑功能状态时，我们可以触发原始的或去分化程度更高的细胞受体和信号分子的形成。

我在二十多岁时第一次发现这一点。当时，我正在研究组织学、胚胎学和病理学文本，并意识到它们之间存在着一种惊人的相关性。那时，我们没有像今天这样拥有这么多表观遗传数据。现在我意识到我们的心理学与生理学密不可分。未来，医学不仅要研究细胞学和表观遗传学，还要研究心理感知比率。这些比率会激活和关闭相应的神经通路，揭示我们改变生理状况的潜力，导致健康或疾病。

量子物理学与心理学

量子电动力学诺贝尔奖得主理查德·费曼，在其《物理的精髓》一书中指出有两种类型的粒子，即玻色子和费米子。

玻色子是力量粒子或能量粒子：重力、电磁力、弱核力、强核力。

费米子则是物质粒子和反物质粒子：正电子、电子、夸克。正电子和电子通过纠缠游戏，即一种被称为光子的玻色子信使粒子，相互沟通交流。

光子是光。它是无限的、永恒的、无质量的、无电荷的。它是一种能量系统。根据爱因斯坦方程，它可以等效地转化成物质和反物质。倘若你把一个光粒子放入云室，你可以用磁力将其分成一个正电子和一个电子，但是它们会相互纠缠，而且尽管它们看起来是分开的，但实际上却是分不开的。

18岁那年，当我刚开始学习量子物理学时，我很好奇，“人类心理和粒子物理学之间存在着某种隐喻联结吗？”许多物理学家曾争论或忽视过这种可能性，甚至一度否认它的存在。我向你保证，这样的联结的确存在。我每个星期都要在“突破自我”研讨会上演示一次。50年后的今天，它已经不再被人们所忽视。量子生物学和量子认知也正在浮出水面。

当你对某人产生积极的认知，觉得他们支持着你的价值观，或对某人产生憎恨，觉得他们挑战着你的价值观时，这两类人在社交层面是相互纠缠的。事实上，他们同时存在；但是，我们主观上的偏见和忽视常常会让自己无法同时看见他们。因为，他们不存在于同一时空位置上和领域里。那个支持你的人可能是在工作场合中，而那个挑战你的人可能是在家里。如果你在工作中得到了鼓励，那你在家里就很有可能会陷入麻烦。配偶存在的目的是要让你回归平衡。这是时空维度上的纠缠现象。我已经在“突破自我”研讨会上，用德马蒂尼方法帮助成千上万个人意识到宏观量子事件两方面的同步性。

当你迷恋某人时，你会在多巴胺的作用下，变得像青少年一样依赖他们。但是，处于青少年依赖状态下的你是不会成长的。而且，你会对他们的缺点视而不见。最终，你会走向另一个极端，开始憎恨这个人，设法远离他们。渐渐地，你会觉得他们刻薄残忍。但实际上，他们是在帮助你戒掉这种成瘾似的迷恋。

迷恋让你的动物性本能欲望占据上风，此时控制你的是皮层下脑组织和肠脑而不是更高级的皮层大脑。皮层大脑会对你说，“嘿，这个人有两面哦。与之结合前，你最好先了解其优点和缺点。这才是明智的。”

如果你与某人的结合纯粹基于一种即时满足的冲动，那么当他们的另一面展现在你面前时，你最终会本能地远离他们来保护自己。但是，倘若你能适度控制这种吸引力，确保自己从感性和理性上对他们有一个平衡的认知，你就能够既爱他们的优点，也爱他们的缺点。那也是为什么婚礼上会说，“无论贫穷或富裕，无论疾病或健康。”假使你无法同时看到别人好的一面和坏的一面，你就很有可能会陷入迷恋，对这个人的缺点视而不见，最终被其所伤。你的身体会产生一些症状，让你最终意识到自己最初是出于冲动然后是出于本能，直到直觉使你回归平衡，说：“嘿，这个人不是你想的那样。”由于迷恋，你忽视了一些更具挑战性的部分，但最终你会发现他们并非你想的那样；然后，你就有可能因为他们与你天马行空的想象不符而憎恨他们。

现在，你的身体已经产生了一些症状来试图让你认识到他们的优点。这是一种自我平衡机制，让你回到中央，平等地爱他们的和自己的好的一面与坏的一面。你爱上某人的那一瞬间，就不再迷恋或憎恨，你回到了自己的终极目标，并再一次爱上自己。当你陪在那个人左右时，还能够做着自己喜欢的事情，按照自己的最高价值来生活，你们的关系会很圆满。

在一段关系里，我们既要知道对方的最高价值，也要明白自己的最高价值。问一问，他们的最高价值会怎样帮助你实现自己的最高价值。然后，再问一问，你的最高价值又能如何帮助对方达成他们的最高价值。

如果你无法回答这些问题，那么你得到的将是交互式的独白，而非有意义的相互尊重的对话。你会制造出一些戏剧性的误解。你的身体还会出现一些症状和病痛，来提醒你：你不爱你自己，你没有活出自我。你会被有关于他们和自己的幻想所干扰。你会通过表观遗传给出反馈，让自己再次回到真爱状态。在这样的状态下，你可以同时拥抱支持与挑战、快乐与痛苦，追求对自己而言最有意义的目标。至此，你让自己的韧性得到了最大程度的提高，拥有了一颗最坚韧的心灵。

终极目标和寿命

基因受制于染色体端粒，即基因的终端。大脑的终端被称为端脑，即前脑。

当你恪守建立在自己的最高价值之上的终极目标时，就会激活端脑并延长你的染色体端粒。但是当你沮丧、孤独，看不见周围人给你的反馈（无论他们是把你当作英雄还是反派）时，就会缩短自己的染色体端粒。你的血液会伴随着沮丧流向杏仁核和后脑，缩短你的寿命。因为，越往后走，你的时空视野就越狭窄，而时空视野会影响细胞相互作用的广度和质量，并最终影响你的寿命。

通常情况下，社会经济地位越低，时空视野就越窄。工人们过一天算一天；监工们过一周算一周；低层管理人员过一月算一月；中层管理人员过一年算一年；高层管理人员过十年算十年；首席执行官们可能会从一代人的角度考虑问题；有远见卓识的人可能会从一个世纪的角度考虑问题；圣人可能会从千年的角度考虑问题；灵魂则会从永恒的角度考虑问题。正如塞涅卡所暗示的那样，你可以通过一个人最遥远的终点来衡量这个人。

个体内心主导思想的时空广度决定着他们的意识进化水平。当社会经济水平较高时，人们的生育率和死亡率往往较低。当社会经济水平较低时，人们的生育率和死亡率则往往较高。生育率和死亡率与个体内心主导思想的时空广度成反比。

一家公司的扩张率和破产率则反向建立在其领导者的愿景规模和广度之上。如果他们过一天算一天，就不太可能成功。如果他们拥有足够伟大且鼓舞人心的愿景，就可以在追求愿景的过程中不被转瞬即逝的快乐和痛苦所干扰，变得万古长青。

即时满足可能会让你付出生命的代价，就像它可能会让你付出金钱的代价一样。在金钱方面，总是随赚随花又不量力而行的人将成为金钱的奴隶，终身为其打工。最终，这样的行为还可能会导致他们拥有较低的社会经济地位和较短的寿命，因为财富是影响长寿的因素之一。你拥有的财富越多，你就越有可能活得更久。社会经济水平越高，你可能获得的教育水平也就越高。更多的教育意味着你可能拥有更广阔的时空视野，也可能承担或参与承担更大的人道主义挑战。

如果不去承担和解决个人的或社会的挑战，你可能也无法活得充实圆满。这样的你也许正在逐步走向死亡。有能量的、生机勃勃的、坚韧的人会追求那些激励自己的挑战。没有意义非凡的挑战，就没有成长。真实而充实的生活需要越来越多的挑战和越来越多的支持。

影响长寿的因素

要想长寿，就要了解你自己的最高价值，把日常行为按优先等级排序，先做对你而言最有意义且最激励你的事情。同时，也要允许自己在地球上做一些非同凡响的事情——受到激励去做的真正服务于他人的举动。

然后就要多喝水。水是最万能的溶剂。它帮助至关重要的氧化还原（还原—氧化）、生物化学或新陈代谢系统保持秩序。过多的兴奋剂或镇定剂都可能让人产生波动。越波动，寿命就可能越短。有些人试图按照自己的较低价值来生活，让更像动物、更激情的杏仁核来掌控自己。这些人的思想往往会变得狭隘，从而经历更多的波动。有些人则按照自己的较高价值来生活，这些人往往容易做出更大的贡献。他们让更高级的大脑中心或守护天使来掌控自己，在不断扩大视野的同时也提升着自己的使命，从更广阔的天体的角度来看问题，而不仅仅局限在地球上过一日算一日。更广阔的视野和更伟大的愿景帮助他们延长自己的寿命，变得更坚韧。

另一个关键点是呼吸。当你感受到挑战时，你的交感神经系统会被激活。你的吸气时间往往会变长，呼气时间则会变短。而当你感受到支持时，你的副交感神经会被激活。你的呼气时间往往会变长，吸气时间则会变短。任何一种情形都会让你的呼吸变得不均匀。正如瑜伽修行者过去常说的那样，思想开小差会导致呼吸开小差，呼吸开小差也会导致思想开小差。如果思想失衡了，那么呼吸也不会均匀。你的呼吸越均匀，你的寿命就越长。因为你的呼吸就是你的生命。你的生命始于第一口呼吸，终于最后一口呼吸。如果你不知道如何调整自己的呼吸，就会缩短自己的寿命。

不稳定的呼吸会缩短人的寿命。如果孩子的呼吸太浅且不稳定，他们甚至都无法出院。深呼吸，腹式呼吸，吸气与呼气的时长保持1：1的比例，多喝水，不过度兴奋，不过度镇静，限制糖分的摄入，食用高质量的食物，依自己的终极目标生活，这些对于延年益寿和充实人生而言都是必不可少的事项。

确保你会走出家门，走进大自然，去使用、伸展、润滑你的所有关节和肌肉。当你激活自己的副交感神经系统时，它会激活你的屈肌、旋前肌和内收肌。而交感神经系统则会激活你的伸肌、旋后肌和展肌。每当这两个自主神经系统存在冲突时，这些主动肌和对抗肌之间就会产生一种拉力，并且在运动过程中变得不协调、不流畅、不优雅。这会使关节和组织异常绷紧和紧缩，从而导致骨骼退化、关节压力异常和退行性关节疾病。这种冲突会导致压电张力或压力的失衡，还会让改变细胞的正负电荷失衡；在某些情况下，甚至还有可能诱发癌症。

宗教和宇宙

宗教思想的发展反映了人类意识的逐渐变化。在最早的、更原始的阶段，我们害怕自然界中的许多事物，它们让我们感受到了挑战。因此，我们创造了神，去团结那些相信神可以保护我们并压制和推翻这些挑战的人。我们把任何能够帮助我们战胜焦虑的事物奉为神明。

最终，随着大脑的不断扩展和发展，我们能够更加理性地认识自然界中的挑战。此时，让我们感到害怕的已不再是自然界的天气、土壤、植物或动物，而是人类。于是，我们便以自己的形象创造了神。我们创造了拟人化的神明，让他们无所不在、无所不知、无所不能。

除此之外，宇宙中还存在一种超越拟人化神明的潜在智慧：它没有形式、种族、信仰、肤色、年龄或性别；不断在支持与挑战、建造和摧毁之间显现，保持平衡。在物理学中，我们称之为守恒定律和对称定律，表达了一种完整且对称的数学之美。爱因斯坦谈到真正的宗教信仰时说的就是这些定律。此外就是转瞬即逝的拟人化幻想。

宇宙中可能有一种智慧，即保守的、宏伟的信息基础秩序，我们都是其中的一分子。无论你做什么，都处在一个支持和挑战并存的动态的社会矩阵里。我们中的大多数人都活在主观评价和幻觉里。当我们认为事与事之间不存在联系时，实际上它们却相互纠缠着，以我们通常情况下看不到的方式产生共时性。而当你看到时，你会为这里的秩序流下感动的泪水。它把所有互补对立面在同一时刻有序地综合到了一起。它超越了迷恋（大多数人将迷恋等同于爱），帮助我们在智慧方面不断成长和进化，让我们进入越来越广阔的时空领域，进入辽阔而神秘的现在，因为这似乎才是我们的命运。

大部分人都在设法逃避生活中一半的真相，寻找精神寄托似的单面幻想。他们因此遭遇挫折，却将其归咎于外部原因，然后再向外寻求拯救。他们没有意识到外部现象是内在心灵的反应；而我们的内心是完整的，什么也不缺。

第5章

人生中的重大挫折

Life's Hard Knocks

韧性与成功应对生活中的重大挫折密切相关。挫折是一种反馈机制，它们试图让你回到正轨，遵循自己的终极目标，同时接受生活中好的一面和坏的一面。人们往往会在支持和挑战的边界获得最大程度的成长与发展。

痛苦有两种形式：一种是觉得失去了自己苦苦寻求的事物；另一种则是觉得得到了自己苦苦逃避的事物。倘若列出你一生中遇到的痛苦，你会发现任何痛苦都可以归结为这两种形式中的一种。例如，如果你寻求的是金钱，那么失去金钱会让你苦恼，收到账单或遭遇盗窃之类的会损失金钱的行为也会令你不安。

如我们听闻，痛苦是一种反馈机制，它是为了让你知道你没有恪守自己的最高价值。迷恋会占据你心灵里的时空，分散你的注意力。憎恨也一样。但是，如果你对生活的爱是平衡的，你就不会分心：你会把精力花在激发天才、创新和创造力上，并因此而成为最坚韧的自己。

宽河

20世纪90年代初，我在一架飞往加利福尼亚的航班上遇见了一位沉默寡言的男士。他坐在我旁边，看上去筋疲力尽，还有点心烦意乱。

于是，我们进行了如下对话。

“您是做什么工作的？”我问。

“我是做音乐的。”

“太棒了。那你写歌吗？”

“曾经写过。”

“哪种流派？”

“一种比较老的流派，摇滚之类的。但是，我已经消沉了一段时间了，最近都没有什么拿得出手的创作。我写不出任何新歌。”

我开始思考，也许我能够帮到他。“你知道，”我说，“有一种方法，只要你按部就班一步一步照着做，就能让自己的创作天赋再次流动起来。你介不介意和我一起来试一下？”

“不介意。”

我了解到，他因为自己认识的一个人去世了而心事重重。他无法完全欣赏自己，因为他没有创作出任何新歌，人们对其乐队的认可度也在下降。最近的他没有做任何在他自己看来了不起的事。他在靠以往的名声过活。

我开始用一个我制定的问题流程来清除他的丧友之痛。我通过一系列问题排解了他的痛苦。当再次面对他最初认为的失去时，他流下了感激之泪而非哀伤之泪。然后我让他仔细回顾，好好想想还有什么别的事情让他心怀感恩。此外，我还用德马蒂尼方法帮助他重新审视了那些很难使他产生感激之情的事情，让他从一个完全不同的角度去看待它们。突然，他不再消沉，变得生气勃勃。

“很好。”我说，“现在请闭上双眼，集中注意力，仔细想一想此刻让你心怀感恩的事情是什么。不要停下来，直到你眼含欣赏之泪和灵感之泪。一旦你流泪了，我就会看到。然后，我们再回到内心深处，让受到灵感启发而来的歌词显现出来，创作出一首新歌。”

他花了片刻时间来反思让自己心怀感恩的事情，突然间，他突破了那个点，达到了自己的感激阈值，眼泪夺眶而出。此时，一些音乐和歌词浮现在他的脑海里。他不得不赶紧写下来。

当这首歌在他脑海中盘旋的时候，他的身体也跟着在动，之后他便往后靠在了椅子上。我开始还不知道，他的四名乐队成员就坐在我们身后。他靠过去开始唱他的新歌词，他们开始在脑海中歌唱和演奏。他们创作了一首名为“宽河”的歌曲。

这位男士是摇滚巨星史蒂夫·米勒。我开始并不知道他是谁。我说，“伙计，我在20世纪七八十年代听过你们乐队的歌曲。”

“是的，我明白。我们最近是有点江郎才尽的感觉。”

后来，我在一次访谈节目中看到过他。被问及这首歌的创作过程时，他说道：“我在飞机上遇到了一个人。他坐在我旁边，做了一些稀奇古怪的事情。然后，这首歌就诞生了。”我想当时的情景肯定很滑稽。

有时当你认为存在挑战时，如果你能问出最佳问题并用不同的角度去看待它，把它视为助力而非阻力，那么这场危机就会变成你最大的福音。如果没有那个反思和启发的时刻，史蒂夫·米勒可能就会少一首伟大的歌曲。祸兮福之所倚。

寻根之旅

有一次，我在瓦尔德策尔会议上担任演讲嘉宾。会议在奥地利的梅尔克修道院举行，这是一个可以俯瞰多瑙河的美丽的地方。另一位演讲者是遗传学家和细胞生物学家保罗·纳斯。他发现了真核细胞周期的调控因子，以及细胞形状与尺寸的决定因子。他因此而获得了诺贝尔奖。得奖后，组委会告诉他，他们需要一份完整且真实的人生传记来记录他的一生。

纳斯开始做一些功课，并得知了一个他50多年来一直不知道的秘密。他发现自己不是父母的亲生儿子。他一直以为的父母其实是他的外公外婆。而他一直认为是长姐的那个人才是他真正的母亲。她十几岁就怀孕了，父母觉得有点丢脸，他们不允许这样的她被人看见，于是就把她送到了离家很远的另一座城市。她在那里怀胎十月生下了一个男婴，她的父母收养了这个孩子，并将其当作自己的亲生儿子来抚养。

因此，这个小男孩在其成长过程中，可能天生就渴望了解自己的生命起源、生命发展和真正的基因密码。他为了知道这些事情，花了数十年的时间来追求这类知识——那些以前从来没有人弄清楚过的信息。他还为此获得了诺贝尔奖。

当纳斯在斯德哥尔摩被授予诺贝尔奖时，他想要承认他的姐姐/母亲。她一直过着与世隔绝的生活，但是如果不是她和他外祖父母的行为，他可能也不会获得这个奖。这个家庭从这件带来过最大耻辱的事情中收获了最高的荣誉，他们对此十分感恩。那个曾经被认为是家庭危机的挫折给他们带来了一个生命中最有意义的时刻。

我们并非总是一开始就能看到这种平衡。但是，通过问最佳问题和发现危机里的福音，智者总能看见并拥抱事情的两面。大部分人都在设法逃避生活中一半的真相，寻找精神寄托似的单面幻想。他们因此遭遇挫折，却将其归咎于外部原因，然后再向外寻求拯救。他们没有意识到外部现象是内在心灵的反应；而我们的内心是完整的，什么也不缺。

与保罗·纳斯的相遇让我大受启发。他说他无法克制自己对生命起源、生命发展和基因密码的求知欲。在内心深处，他知道如果不弄清楚这些事情，他的人生中就永远有一个未解之谜。

很小的时候，我的腿、脚和手臂都是向内弯曲的。因此，我不得不戴上金属皮革支架。四岁那年，我央求爸爸拿掉支架。但是他告诉我，如果他拿掉了支架，我就一定得让腿和手臂保持伸直的状态，否则我还得重新戴上支架。我一心渴望自由和奔跑，便从此学会了独立，并一直在奔跑。

很小的时候，我还去看过语言障碍医生。当时我六岁，刚开始读一年级。我的老师——当着我父母的面——告诉我，我可能永远无法阅读、写作或交流，永远无法取得任何成就，也永远不会在人生中走得很远。这真是太完美了，因为这正是我需要填补的空白，也是我今天正在做的事情。如果你还没有把人生中可能存在的障碍当作助力而非阻力，那么你也就还没有深入探索过混乱表象背后的更高层次秩序。现在也许就是重新审视的时候了。

治愈多发性硬化症

一次，我在澳大利亚的悉尼开了一个为期五天的报告会，涉及近千种健康状况——神经内分泌方面的、心理方面的和生理方面的。我还写了一本教材来讨论这些状况发生的心理原因、自主神经系统原因和表观遗传原因，以说明为什么我们会得这些病。这本教材有点身心综合手册的味道。

这五天，我和学生们一起探索了一个又一个状况，观察了自主神经系统、神经递质、次表观遗传作用怎样影响基因表达或基因抑制，改变蛋白质，以及引起细胞功能的变化。我们把这些可变因素与我们对人生事件的感知联系在一起，好看一看我们的身心是如何产生这些症状的。

我们依次探讨了人体的各个系统和近千种不同的健康状况。当我们谈到多发性硬化症（MS）时，一位先生举手说，“德马蒂尼博士，您介意我问一个关于多发性硬化症的问题吗？我得了这种病。医生告诉我要不了几周我就得靠轮椅度日了。我的左手臂很虚弱，几乎不能动；左腿已不能承重；左眼也因视神经炎而几乎完全丧失了功能。坦白说，这让我十分害怕。这种情况可能是由什么引起的呢？我能否做些什么来应对？”

“在我可以问你一些问题之前，我也不清楚，”我说，“我只是在教学。”但是我想，“让我们看看，我能够为他做点什么吧。”

我走过去问他一些过去的事情，因为既往经历会透露出很多信息。他对自己的工作不满意，在隧道的尽头看不到曙光，也不确定自己是否还能够继续坚持下去。他一直在赚钱和存钱。他觉得倘若自己能够存够一定数量的钱，就有足够的资金去做自己想做的事。虽然对于新的职业路径他还没有清晰的规划，但是他觉得只要能够先休息一下就很好。他最终会存够那个数字，他数着日子等着那个时刻的到来。

等到那一天，他决定，“我现在可以获得自由了；我终于要辞职了。”他回到家把这个消息告诉母亲和当时的伴侣，却发现她们俩都需要额外的经济支持。这份突如其来的额外的责任冰封了他的内心。他没办法说出自己想要说的话。就在那一刻，他很生气，但又因为社会投射在他身上的价值观而责备自己：你怎么能因为伴侣和妈妈需要帮助而生气呢?

这位先生的内心起了冲突：是去做他想做的事情，还是去做他觉得必须要做的事情。他失去了视力和抓力，身体左侧（相对虚弱的一侧）已无法站稳。短短几天内，他开始感到刺痛、麻木和虚弱；多发性硬化症症状开始显现。他的内心在呐喊，觉得窒息，但他又不能说出来，因为他觉得他不应该说。于是，他只好抱怨，“我被这该死的工作困住了。”

我用德马蒂尼方法帮助他从另一个角度看待这些事情，找到混乱表象下的隐秘秩序。我们一起回顾了发生的事情，对这个病如何设法确保他得到关注与想要的东西进行了复盘。现在他有了不再做这份工作的理由，还有保险来保障他的生活。这是他唯一的出路。疾病往往是无意识策略的结果。

当我们一起梳理他的无意识目的和策略时，他突然因深深的领悟而眼眶湿润、涕泪交加。他的女友抱着他，他在研讨会上痛哭流涕，宣泄了15分钟。最终，他在隧道的尽头看见了一束光——他为什么会得这个病，以及他真正想要做的事情：帮助人们挣脱束缚。他的梦想就是帮助人们摆脱困境，并且他还看到了一种行之有效的方法。

当天结束后，这位先生回到家，睡得比以往任何时候都香。第二天早上起床后，别人开车送他到研讨会的聚会地点。他进来后，径直走到了我面前。当时，我正开着麦克风准备说话。他伸出双臂抱住我说，“我现在能用左眼看见你，左手拥抱你；刚刚我也是自己用左脚走上台来的。无论昨天发生了什么，有些事情真的变了。”

“太棒了。多发性硬化症有时候会缓解，有时候会恶化，病情会起伏反复，因此现在还不能确定这是否是一种暂时的状况，但是让我们继续努力吧。”

那天下午，我要搭飞机离开。这位先生和我一起来到机场。在候机厅里，我们制订了一个行动计划，用德马蒂尼方法化解我们能够识别出来的每一个问题，从而加速他的治愈进程。

这位先生开始按计划行事。他可不只做了一部分。他消除了生活中每一个能够识别出来的存储在潜意识里的内心冲突和评判——怨恨、挑战以及那些无法让他心怀感激的事物。他列了一张清单，用德马蒂尼方法有条不紊地将它们一一清除。

他的神经科医生说，“不要给自己太大的希望；这只是暂时的；这是一种渐进式退化病。”

六个月后，这名神经科医生又说，“真的有变化。你身上已经没有任何多发性硬化症症状了。通常情况下，六个月的时候有些症状会再次出现。”

这位先生说，“我刚参加完德马蒂尼方法的培训课程。您介意我和你的其他多发性硬化症患者一起交流吗？万一我能帮上什么忙呢？”他开始与其他的多发性硬化症患者一起合作，清除他们的情感负担，并开始取得类似的结果。多年后，这个男人可以慢跑了；现在的他没有表现出任何多发性硬化症病症迹象。

我不知道身体的极限在哪里，但是我知道我们身上的这些症状是在设法让我们回归本真。如果我们能够理解身体向我们传递的信息和使命，它就能够引领我们去做一些非同寻常的事情，因为我们内在的能量总是比周遭的阻碍要大得多。这些症状都是在试图让我们变得坚韧与真实。

对这位先生而言，从前的危机变成了此时的福音。他现在做的事情让他深受鼓舞。他在人们身上运用这一方法，赚得盆满钵满。他目前已经帮助了几十名多发性硬化症患者，并正在改变一些精神科医生的观点。

祸兮福之所倚。重大挫折是人生的礼物；阻碍是前进的阶梯；疤痕是星星留下的吻痕。让我们花时间来看得更深更远吧。当我们每天都用最高优先等级行为来充实自己的思想时，我们就会增强自己的韧性和适应力，提高我们看到并接纳事物两面性的能力，拥抱自己和周围的世界。

一名11岁的设计师

还有一次，我在拉斯维加斯的一次会议上发言，一位名叫哈纳蕾·斯旺的女孩来到舞台上，做了一番鼓舞人心的演讲。她只有11岁，等她讲完后，我问她："你所面临过的最大挑战是什么，你是如何将其转化成一次不可思议的机会的？"

"我出生时，"她说，"我的父母失去了一切，提交了破产申请。他们看完《每周工作四小时》这本书后决定，'让我们放下一切去旅行吧。'那是我们最大的转机。它帮助我成为了今天的自己，因为我可以亲眼去看看这个世界真实的样子，而不仅仅是在教科书上读到它。我能够从世界上不同的文化、民族和地方获得灵感。在旅行的过程中，我开始设计时装，我把自己的想法记录在一个素描本上。

"一次，我们在巴厘岛的一家餐厅里。旁边的女士在和我的父母聊天。我正在餐厅的沙发上熟睡。

"我妈妈问那位女士，'您靠什么谋生？'

"'我是时尚设计师。'

"突然间我醒了过来。我的素描本就在旁边，我说，'我也是。'

"'如果你是时尚设计师，你一定随身携带着你的素描本。'那位女士说。

"我向她展示了我的素描本。她看了看我的草图说，'这些应该变成现实。'"

"从那时起，"女孩说，"我成了一名时尚设计师。这给了我启发，让我去发现和做自己喜欢的事情。我决定要创作出令人惊叹的设计，让女性感受到美。”当时她雇了六个员工为她工作。

“但是，”她继续说道，“随着我游历和重游的地方越来越多，我看到了地球上存在着很多污染。一些曾经美丽的地方现在满是垃圾。于是，我把拯救地球的使命和对艺术及时尚的爱结合在了一起。现在，我每天不仅能够做我喜欢的事情，还能够帮助我们的地球。”

你看到了吗？这个家庭的危机变成了他们的福音。破产可能是当时看来最具挑战性的事件，但实际上也包含着动力和启发。

教学与价值观

家长们常常跟我说，“我很担心我儿子的学校教育。因为他所学的内容与他的兴趣和理想不一致，所以他觉得无聊。他从小就没有机会去学习或者去做他真正热爱的事情。他被推进了一个与他的兴趣和理想不一致的恶性循环。”

偶尔，我也会在学校给老师们、校长们和学生们演讲。不管是哪个年龄阶段的孩子，我还没有遇到过一个不热爱学习的男孩或女孩，但他们只想学习对他们来说最有内在意义且最能激励他们的内容。倘若他们不知道为什么要上某个课程，也不知道这个课程将如何帮助自己完成人生中最有意义的事情，那么我认为这个时候让任何一个孩子来上这个课，都是非常不公平的。

我去学校，坐在老师们当中，帮助他们确定自己的最高价值观。一旦确定了老师的价值观，我就会拿他们的课程来问，“教授这门独特的课程、主题和副主题，将如何帮助你完成作为一名老师来说最有意义、最重要的事情？”如果他们自己都看不懂这个课会怎样帮助他们完成有意义的事情，他们就不会参与进来，也不会与时俱进去了解前沿信息，更不会充满热情或倍受鼓舞地去上课。他们会让人觉得无聊，然后就没人想坐在那里听他们作报告和讲课。

因此，我花了三个小时把老师们的最高价值观和他们的每一堂课联结起来，这样他们就能看到这个课程可以意义深远地帮助自己实现对他们而言真正最重要的事情——他们的最高价值。我对很多老师做过这件事情，然后等他们再次进入教室时就像换了一个人。因为，此时他们已经把自己教的课程当成了助力而非阻力。他们不是因为别无选择和学校规定才不得不去上课，而是因为他们明白了上课对自己有着深远的意义。整个过程花费了四个小时。

接下来，我在课程开始的第一天走到学生中间，用同样的方法帮助他们确定了自己的最高价值观。我让他们问自己，他们即将上的这些课具体能从哪些方面帮助他们实现自己最看重的价值。我们通过小组合作帮助每个人找到了这些课程将怎样服务于自己。学生们刚走进教室时说：“噢，伙计。它们无法给我们提供服务；它们是无用的、过时的。我可以用这些信息来做什么呢？我不知道。”

如果学生们看不到这些课程会怎样帮助他们完成或实现自己的目标，他们就不会想加入进去。他们会感到无聊和泄气，然后就会被贴上注意力缺陷障碍的标签，进行药物治疗。但是，在家时他们可以坐在那里花六个小时玩视频游戏或社交或做运动。他们在自己最受鼓舞的领域里是没有注意力缺陷的。只有在一个不鼓舞人心的课堂上，由一个无启发能力的老师授课，上的又是为寄生虫而非领导者设计的无法让人产生共鸣的无趣的课程时，他们才会出现注意力缺陷。

一旦学生有了这样的态度，他们为什么还会想去上课呢？为什么还会想要记住学过的内容呢？他们完全没有参与感，但在我的联结活动中，他们认识到了这门课会如何帮助他们获得自己想要的东西。

在我的研讨会上，我教人们同一技能：如何将他们生活中的任何事物与自己想要的东西联系起来。这非常有价值，特别是对那些无法在生活中获得参与感的人而言。大多数人静静地过着绝望的生活，因为他们不知道怎么做。

一旦我们让学生看到这些联系，他们就不会为了上课而上课；他们会因为想要学习和实现自己的最高价值观而去上课。没有人只是单纯地想学习一些东西；他们想学习的是对他们来说最有意义、最重要的东西。

对于一些课程，学生表现得非常好。但是，对于他们学起来最困难的课程，你只需问他们参加这门课会如何帮助他们得到生活中真正想要的东西。我保证每个课程都可以建立联结。我还没有看到一个无法与孩子的最高价值观联系起来的课程。他们只是不知道而已。只需要坚持下去，让他们带着责任心去寻找。课程或主题与最高价值之间在他们的思想中每建立起一个新的联结，他们的学习参与度就越高，他们也会变得更加坚韧。

委托

几年前，在伦敦的一次研讨会上，一位女士走过来跟我说了下面这一番话并问了我一个问题："我经历了一些悲剧。我的人生发生了重大变化。我失去了三位家人，失去了我的家，最近还结束了一段十年的亲密关系。此刻，我正遭受着经济上的挑战，觉得生活十分艰难。你说过可以把优先等级低的任务委托给他人做。但是，当你面临经济挑战时，究竟要怎样做才能把工作委托出去呢？因为这些让我深感悲痛的遭遇，我走上了一条全新的职业道路。当然，我的确很喜欢它，但目前它还没有让我赚到足够的钱来维持生计。我在英国和欧洲的其他城市经营歌唱俱乐部。我在学校组织这样的俱乐部，和弱势群体以及学习困难者一起合作。通过这些俱乐部，我已经在帮助人们走出抑郁，但收入仅仅勉强够我在伦敦独自生存。我没有多余的钱把部分工作委托出去。我无法付钱让人们帮我。"

针对这位女士的陈述和问题，我告诉她，委托的目的是为了让你有更多的时间去做优先等级更高的事情，以及可能带来更多服务和收入的事情。倘若你提供的服务不能真正满足他人的需求，他们就不会愿意为此支付很多钱。这样你赚的钱还不够委托的成本，那你自然就无法委托。委托并不是放弃。它的目的是让你有更多的时间去执行更有价值、更高效和更具经济效益的行为。

如果你觉得自己做的事情不值得让你获得更多的收入或财富，那么你可能需要回顾一下以前那些让你感到羞耻或内疚的事情，因为过往的羞耻感和内疚感会创造利他主义行为来弥补——通过拯救代表我们未曾爱过的那部分自我的人可以增强我们的配得感。

尝试允许自己在服务他人的同时也珍视自己，以一种人们愿意付费的方式包装你的服务。这样，你可以维持一种可持续的公平交易状态；当你有钱委托时，就能够为更多的人服务。

如果你很穷，那可能只是因为你不太在乎如何为人类做贡献。如果在乎，你就会找到一种通过产品、服务或想法来直接或间接地为人类服务的方法。不要把重点放在你自己身上，要把重点放在服务上，放在如何改善他人的生活上。如果你的服务能够满足真正的需求，你会得到报酬。"所以，"我告诉这位女士，"我会鼓励你先把事情按优先等级排序：你能提供的优先等级最高的服务是什么？你能坚持并带来最多收入的服务是什么？这意味着你在真正地为他人服务。这样做，你可以把其他优先等级较低的行为步骤委托给别人，同时还能够进行你的慈善工作。

"如果你从未考虑过如何让自己提供的服务带来可观的收入，那么我会鼓励你弄清楚怎样做可以实现这一点。你如何为越来越多的人提供服务并因此获得丰厚的报酬？这只是一件提出最佳问题并用充足的责任心去创造或发掘答案的事情。

"你可能还保留了一些从前的羞耻感或内疚感，让你觉得必须做一些利他主义的事情。这阻碍了你舒适地接受一种可持续的、有利可图的收入。你需要清除羞耻感和内疚感，允许自己去接受。许多人不经过这一遭，就无法在经济上跨过这个门槛。我有一种感觉，你的头脑中还留有些许羞耻感或内疚感。我不知道这是否回答了你的问题。让我们确定你究竟想做什么以及如何将其包装成实际上会产生你想要的收入的形式。你不可能说服我说这做不到。这只是一件需要集思广益、提出关键问题并采取战略行动步骤的事情。”

你的生活质量取决于你问自己的问题。如果你问的问题能够给你的思想带来平衡，你就能够从幻想和极端情感中解放出来，这样你就可以欣赏自己的现状。做真实的自我带来的卓越远胜于你强加给自己的任何幻想。

第6章

摆脱抑郁

Dealing with Depression

我经常碰到的一个精神健康问题是抑郁症。即便你没有得过真正意义上的临床抑郁症，你可能也有过情绪低落的时候。尽管对于定义或确定临床抑郁症有着不同的标准，但当今的制药业驱动型精神科医生通常认为患有抑郁症的你是生物化学物质失衡了，需要药物治疗。最近的长期研究结果给这一观点带来了巨大挑战。

我并不是说这种情况不会发生，但是我敢肯定它绝不像宣传的和坚信的那样频繁。人们总是在为每一种疾病寻找治疗的药物，他们寻求的是一种快速的解决办法，而不是掌控自己的生活，去了解抑郁症背后的真正原因以及他们能为此做些什么。

假设你过来跟我说你得了抑郁症。你的精神科医生说你的生物化学物质失衡了，你需要药物治疗。你也相信他们所说的，因为你一直被告知这是生物化学物质失衡的结果，除了吃药，你没有别的办法。

但是假设我说，门背后有一只大老虎，我会打开门让老虎进入你所在的这个房间。它想吃掉你。它从房间的另一端径直猛冲向你，张开嘴巴，亮出獠牙，垂涎欲滴。就在它马上要抓住你的脸和头时，我定格住这一切。老虎停在了半空中，在你头上张着嘴巴流着口水。我迅速进来抽血分析你大脑中的化学物质。猜猜我会得到什么结果——你身体的各种指标一定不正常。即将被掠食者吃掉的惊恐感会让血液中的化学物质含量发生显著的变化。

就在一瞬间，你的化学物质发生了变化。多巴胺、血清素、内啡肽、脑啡肽、抗利尿激素、催产素和雌激素的含量迅速下降，而睾酮含量则迅速上升。组胺、骨钙素、皮质醇、去甲肾上腺素和肾上腺素的含量也迅速上升。此外，肽物质含量增加，负责疼痛和战斗或逃跑的化学物质含量也快速增加。

你的生物化学物质都失衡了，这一切就发生在一瞬间。你的感知以电流的速度进入大脑，改变着下丘脑里的激素和自主神经系统中的神经激素与神经递质。

如果我把这一幕定格下来，你的精神科医生会说你的生物化学物质失衡了，但不会告诉你，这种失衡和你此刻以及从前存储在潜意识里的感知有着巨大联系。

你可能会说，“我没有这样极端的感知，但是我还是得了抑郁症。”也许你有，也许你只是没有意识到。

神经社会情绪

让我再来设定一个场景。假设，某个星期天你决定在家放松一下。然后，你和配偶发生了争执，你们对着彼此大喊大叫。

在你们吵得最激烈的时候，门铃响了。你压住怒火去开门，然后就看见了你的朋友。他们说，“我们正好在附近，于是就想顺路过来看看。”

“快进来。”你说。你脸上挂着笑容，掩饰着自己的真实情绪。

你和朋友们聊了两个小时。你们聊得很愉快，但是刚刚和配偶之间的那份不愉快仍然在你心里，只是暂时被掩盖起来了。朋友们离开后，这份不愉快又开始在空中弥漫。你的配偶默默地去做他或她的事情，而你也默默地做着自己的事情。这种微妙的、令人沮丧的氛围并没有打破。

第二天，你去上班了，你的配偶也去做他或她自己的事情了。虽然问题没有继续激化，但也没有得到解决。有时候，某件事会提醒你它的存在；那些被压抑的情绪也会再次出现。

这些情绪存储在大脑的电子和化学物质中，被称为神经相关情节或记忆痕迹，此时它们的电位是不平衡的。我们将这些不平衡作为干扰或指责存储在大脑里。当你陷入迷恋或憎恨，觉得骄傲或羞耻时，你的脑海中就会出现这些干扰，你无法将对方或自己移出大脑，他们或你自己占据着你的思想，让你难以入眠。

这种由感知引起的生物化学物质失衡，不只是因为某天大脑突然失控就发生了，而是因为你积累了很多情绪偏激的评判碎片或失衡感知，并把它们存储在潜意识里。它们操控着你的化学物质，尽管你没有意识到这一点，也没有人告诉你这一点。

你可能并不擅长像剥洋葱一样直达这些存储在潜意识里的情绪，也不擅长让自己回到情绪产生的时刻将它们清除干净。你可能没有相应的工具，因此唯一的解决办法就是吃药。我不是说吃药没有用，它是有用的。有些人的大脑存在遗传缺陷或损伤。因此，你的大脑失衡也有可能是由一些特定原因造成的，但我极少看到这样的情况。我更愿意给人们赋能，向他们展示怎样做可以减少或转变存储在潜意识里的迷恋或憎恨，从而学会掌控自己的人生。这就是我现在想要呈现的内容。

抑郁症是什么

我想和你分享一种对抑郁症的不同看法，并谈一谈与我一起交流过的一些人。我曾经和数千名据说很抑郁，至少是被确诊为抑郁症患者的人一起交流过。我发现了一些非常独特的东西。

我会展示如何解决这些问题，以便你也许可以减少或消除对药物的依赖。我的这些项目里有很多人曾经被临床确诊为抑郁症患者，但是现在他们已经不再抑郁，也不需要吃药了。不是我让他们突然成功的，是他们自己取得成功，有时候是在医生的帮助下，有时候则没有医生来帮忙。也不是因为我告诉他们不要吃药，他们就不吃了。他们只是似乎不再需要药物了。他们已经知道如何平衡自己的思想，以及怎样控制大脑里的神经化学物质。

现在，让我们来讨论一下：假设你觉得自己可能或真的抑郁了，你大概率会做些什么呢。让我来解释一下我是怎么定义抑郁症的。

我已经在前文中详述了价值排序体系或者说价值结构。当你开始按照自己的最高价值观生活时，你的认知会变得更客观、更中立。你会激活前额叶皮层的自治执行中心。如前所述，客观意味着平和与沉着，你的思想更平衡，因此你的神经化学物质也会更平衡。当你与自己的最高价值观协同一致时，你能够更平等地接受生活中积极的一面和消极的一面。但是，当你尝试按照自己的较低价值生活时，当你把自己和别人做比较，仰慕别人并尝试按照他们的价值观而不是你自己的最高价值观来生活时，你就容易变得更主观，也就是说，不够平和沉着。此时，如果你觉得沮丧，你就更有可能变得反复无常，让基于生存的情绪占据自己的大脑，因为你觉得壮志未酬，因为你的杏仁核开始上线了。

让我们再来回顾一下那个热爱视频游戏的小男孩。如果你是这个男孩子，你也会日以继夜地把时间花在游戏上。你不需要别人提醒就会这样做。当你通关的那一瞬间，你会去找父母要一个更具挑战性的游戏。面对这样的挑战，你不会退缩。你会期待与它们狭路相逢，来检验自己到底能做成什么样子。

当你按照自己的最高价值观生活时，就会去拥抱那些帮助你实现梦想的挑战。你能够平等地欣赏支持与挑战，因而会在那个领域里变得更平衡、更坚韧、更具适应力、更能干。任何时候，当你设定的目标与自己的最高价值一致时，你就会更平衡；你就不容易喜怒无常或情绪化，也不会那么躁狂和抑郁。有些人按照自己的最高价值观生活，启动的是自己的执行中心；有些人则活在较低的价值里，被困在杏仁核反应中变得喜怒无常。前者不会像后者那样拥有许多大起大落的极端情绪。

那么，我们为什么会暂时想要活在自己的较低价值里呢？很简单。你是否曾经遇到过让你觉得活得比自己精彩的人？你是否曾经将自己与他们进行比较，认为他们比你更聪明、更富有、更成功、更具影响力，或在精神上更有觉悟？在这样的比较中，你会感到渺小、疲惫和些许沮丧。

那是因为，你在将自己的真实现状与成为他们的幻想进行比较。事实上，他们可能并不是你想的那样，但是你认为他们是那样的。当你努力向他们靠拢时，你就把他们的价值观投射到了自己的人生里，努力按照这些价值观而非你自己的价值观在生活。任何时候，当你设法活在别人的价值观里时，你几乎不可避免地会通过这样的比较贬低自己。你启动的是大脑里一个更原始的部分——杏仁核，行事风格也会变得更主观。你更容易变得冲动且依赖本能，寻求猎物或积极面，避免猎手或消极面。

为什么我会这么说呢？因为很多抑郁症都伴随着双相情感波动。这意味着在躁狂症和抑郁症之间摇摆循环。抑郁症源于你将自己的真实现状和幻想中的生活进行比较。在某种程度上，这种幻想让你上瘾，让你不想失去它。因为你试图活在自己的低价值里，你激活的是杏仁核，你不满足。作为补偿，你会寻求捷径——即时满足。

最高价值未得以实现会导致成瘾行为和单面渴望，让你去盲目追求无悲伤的快乐、无痛苦的愉悦、无困难的轻松、无羞耻的自豪和无消极的积极。当你做着自己热爱的事情时，你会更平衡、更客观、更稳定，更容易受到鼓舞，且心生感激之情。你会在更明确地追求更有意义的目标的过程中，同时拥抱痛苦和愉悦，变得更坚韧。

你拿自己与别人作比较，将别人的价值观注入到自己的价值观里，并努力成为他们。这会导致你无法实现自己的最高价值，因而失去自我。你会抨击自己，寻找捷径作为分离—关联补偿。

抑郁是把自己的真实现状与想象甚至是不切实际的幻想进行比较的结果。只要心存幻想，你的生活就会是一场噩梦。事实上，真正平衡的生活状态比任何幻想都更加壮丽。

抑郁是低谷，因高度上瘾而产生。对于任何事物，当你认为它带来的积极面比消极面要多时，一旦你发现它其实也是平衡的，一个消极面多过积极面的状态就会出现。每当你的日子没有被优先等级高的行为填满时，你就会更容易陷入躁狂和抑郁的状态。你会在两者之间来回摇摆。寻找一个无法获得的单面世界将是徒劳的，当然也会让人感到沮丧。

觉得抱负未展的人更容易受到外界事物的影响，因为驱动他们的是外界的奖励与惩罚而非内心的平静。受内在驱动的人更容易集中精力、更真实，也更能够感受到来自生活的鼓舞。他们不会受到躁狂幻想和同伴抑郁的影响。他们清醒、客观，运用理性和高级脑部分来管理生存冲动和本能。这些源自杏仁核的冲动和本能会使人们的神经化学物质极化或失衡。

杏仁核处理冲动和本能；大脑边缘系统的其余部分处理中间情绪；大脑的最高级部分处理客观理性和直觉。当大脑的最高级区域处于活跃状态的时候，我们通常不会患抑郁症。只有陷在基于杏仁核的反应中时，我们才会失控，患上躁狂症和抑郁症。因为，此时的我们在寻求单面的幻想，并设法逃离随之而来的噩梦。

对求而不得之物的渴望和对不可避免之事的逃避是人类痛苦的根

源。倘若你在追求一种无法获得的、单面的东西，同时又试图摆脱其不可避免的另一面，那你就很可能会“遭受”抑郁。但是，抑郁症不是你的敌人而是你的朋友；因为它让你知道，你正在追求的是不切实际的期望，它给你反馈，让你调整好自己的轨道。它帮助你在现实的世界里，用务实的策略，设定切实可行的目标，让你做真实的自己。把这个情绪波动场景想象成一块有正极和负极的磁铁。你能得到一块单极磁铁吗？不能，但是如果你寻求的就是这样一块磁铁，那么你就会觉得受挫和无助，会因为无法得到它而生气。

抑郁在很大程度上，是将真实现状与这些幻想进行比较的结果。这会影响你大脑里的化学物质。当你运行的是高级大脑中心时，你能够平衡自己的化学物质。但是，当你运行的是低级大脑中心时，则会让自己的化学物质失衡，因为此时的你是极端的。这是导致抑郁症的一个十分重要的原因。

抑郁到想自杀的人往往会说，“我不能再这样活下去了。”我处理过很多这样的案例。我帮助他们深入内心，观察自己的思想内容。因为没有这些思想内容，就不会引起相应的生理感受。你可能还没有意识到这一点，因为你还没有问出最佳问题。但是如果你的感知是平衡的，也不存在主观扭曲的期望和思想内容，那么你就不会拥有极端的感受。

记忆与反记忆

当你觉得沮丧时，你脑海里究竟在想些什么？你在将其与什么进行比较？如果把你脑海中所有与“抑郁”相关的内容都写下来，然后再找到它们确切的对立面，你会发现自己的大脑中既有记忆也有反记忆。抑郁及与之完全对立的情感同时存在于你的大脑里。一个令人沮丧，一个令人兴奋。这种相反的内容是互相对立的。

如果你迷恋某个人，你就会认为这个人拥有的积极面多于消极面。第一次约会后的那一个星期里，你会时时刻刻想着他们。你对他们产生的这种失衡的感知，会在你的脑海里制造出干扰。如果他们突然说“对不起，我不能再跟你约会了，别再给我打电话了。”，你就会觉得沮丧，因为你在把自己的真实现状与幻想中的新关系发展趋向进行比较。没有之前或当下的兴高采烈和幻想，你就不会沮丧，也不可能感到沮丧。

然后想象你处于一段让自己生气和痛苦的关系里。你觉得疲惫，筋疲力尽。你说，“我受够了”。此时，对方终于给你打电话说：“我要结束这段关系。”你一点都不会觉得沮丧；相反，你会出去和朋友一起庆祝。

失去迷恋的事物会让你经受痛苦和抑郁，而失去憎恨的事物则会让你松一口气，兴高采烈。这意味着只要你没有对某种幻想上瘾，认为它应该是什么样子，并且一定会是什么样子，你就不可能得抑郁症。

那是导致抑郁的关键因素。你可能没有注意到这一点，因为整个社会和周边的人都在不断告诉你，“要开心，不要伤心；要善良，不要残忍；要积极，不要消极。”他们在向你推广一种“大众精神鸦片”，向你灌输一种伪善的道德思想，让你觉得自己可以只拥有事物美好的一面。但事实上，这是不可能的。没人可以只拥有事物美好的一面。期待过一种这样的单面的生活，本身就是荒谬的，因为任何事物都有两面性。你不需要为了爱自己和欣赏自己，而舍弃掉任何一部分自我。警惕外界投射在你身上的道德伪善。

只要你对别人或自己抱有不切实际的期望，你就会感到沮丧。如果你总是期待世界上的其他人按你的价值观而非他们自己的价值观生活，你也会感到沮丧。

负面情绪

我想概述一下我在临床抑郁症患者身上发现的一些最常见的行为。来到我的研讨会上的抑郁症患者身上都会有一个或多个这样的行为。它们是妄想的副产品，这些不切实际的期望和幻想导致了以下负面情绪：

- 愤怒
- 攻击
- 责备
- 觉得被背叛
- 批评
- 挑战
- 绝望
- 沮丧
- 想要逃离和逃避

- 挫败感
- 仇恨
- 牢骚满腹
- 悲伤
- 讨厌
- 觉得受伤
- 不耐烦
- 非理性

以上每一项都是人类共有的情感，所以你无法消除它们。它们也不是你的敌人；它们是你的朋友。

在我看来，抑郁症不是一种疾病。它不是你的敌人。它是一种反馈。它让你知道自己有不切实际的期望。心理学家和精神病学家反对这一观点，是因为它挑战了他们当前的错误归因现实模型和他们的职业机制。既然你已经能够独自解决抑郁的问题了，那他们还能怎样通过这种方式来赚钱呢？没有任何组织会消灭其存在的理由。

抑郁症的成因

以下是一些常见的抑郁症成因：

1. 不切实际地期望对方在生活中只展现出好的一面。想象一下，在一段关系中，你期待对方总是兴高采烈、从不沮丧，总是积极、从不消极，总是支持、从不挑战。你觉得他们能做到吗？做不到的，但凡你期望的比50/50多那么一点点，都不现实。因为他们会把好的一面和坏的一面都表达出来。此外，如我们所闻，支持与挑战之间的平衡不仅能够让你获得最大程度的成长，还能够让你变得坚韧、健康。

2. 不切实际地期望别人活在你的价值观而非他们自己的价值观里。如我们所见，人们在做决定时总是会参考他们自己的最高价值观。以此为依据，做出他们觉得能给自己带来最大利益而非损害的决定。因此，倘若你期待他们活在你的价值观而非他们自己的价值观里，那些消极的负面情绪就会浮现。几乎，每一段婚姻里都会出现这样的语言：“你应该按照我的价值观来生活。”“你应该这样做。”任何时候当你听到有人说“你应该”“你应当”“你理当”“你本应”“你必须”或者“你一定”时，他们都是在自视甚高地把自己的价值观投射到你身上，期待你按照他们说的来生活。如果你也在说同样的话，那么你也是在自视甚高地把自己的价值观投射到别人身上，期待他们能够读懂你的想法，做你认为重要的事情。

他们做不到从始至终都满足你的期待。只有在他们刚开始暂时性迷恋上你的时候，才似乎可能会这样做。迷恋让他们盲目，让他们短时间内愿意做出牺牲。但是，你会为此付出代价，因为每当他们为你做出牺牲时，都会在他们的记忆里留下痕迹，最终你得偿还。存在他们记忆里的这些牺牲，最终也会让他们用不切实际的期望来反击你。他们不会任你摆布。他们会按照自己的而非你的价值排序体系来生活。

3. 第三种是前两者的结合。你期待对方只表现出好的一面，并且按照你的价值观来生活。在我的研讨会上，就有妻子或丈夫（常常是妻子）说，“你应该知道我想要什么。你应该知道我现在脑海里想的是什么。如果你不弄清楚，我会一直惩罚你。”言下之意就是我会在这个过程中一直惩罚你，而不是直接告诉你“这是我的期待”，然后再看看这是否现实和恭敬。

我见过这种情况。它通常不会带来最立竿见影的效果，而是会导致一种更具挑战性的关系动态。不过，这也是一种反馈机制。假如你期望伴侣按照你的价值观生活，你会经历挫折和无助。因为他们只会按照他们自己的那套价值观生活。假如你期望他们只展现好的一面，这也是不现实的，并且这也是造成人们抑郁的常见原因。假如你把这两种期望放在一起，你就会受到双重打击。

4. 第四种是不切实际地期望自己在生活中只展现出好的一面。我称之为“总是”心态积极的错觉。这是一种想象，认为你就是要或者应该在大多数时候保持积极思考的状态。如果你这样做了，就会发现你在自欺欺人，你变成了一个伪君子。

你不能一直执着于活出好的一面。如果有了这样的执念，最终你会对自己感到愤怒。当你积极时，你会感到自豪；当你不积极时，你会感到羞愧。你最终会有点双相情感障碍，因为对单面结果的上瘾会让你分裂。对自己要诚实：做一个情绪清单。你会发现它波动很大。但是你的大脑里有一个心理稳定点，在试图保持自我平衡。

顺便说一下，我遇到过许多自我帮助型的老师或大师，他们提倡积极思考；我与其中的很多人存在私交。他们并非总是积极的，他们也是积极和消极的结合体，就像你我以及其他人一样。如果你认为他们只有好的一面，并将自己与之进行比较，而不是尊重自己是谁，你抑郁的概率就会增大。因为你会活在幻想中，认为他们真的就是这样的人，他们已经做到了，而你没有。但事实上，他们也同时拥有好的一面和坏的一面——就像你我一样。

5. 不切实际地期待能跳出自己的价值观，去活在别人的价值观里。如我们所见，当你迷恋上某个人的时候，你会为了和他们在一起而暂时牺牲对自己来说重要的事物。几天或者几周后，这种迷恋会逐渐消失。你会想要回到自己的生活中去，因为它建立在你自己的价值观之上，而且你的身份和主要使命也都是以你的最高价值为中心的。

你不能一直生活在别人的价值观里。正如我提到的那样，许多人都有一个财务自由的梦想，但他们却没有能够实现这一目标的价值排序体系。如果你并不看重服务、创造可持续公平交易、储蓄、投资以及积累更多生钱资产而非耗钱资产，你就不太可能实现财务自由；你会继续把钱花在那些会贬值的、在你的价值列表中排名靠前的消费品上，并且仍然会面临财务负担或债务问题。但是，如果此时的你仍旧对实现财务自由抱有不切实际的期望，你就极有可能感到抑郁。你的价值排序体系在为你做出决定，如果你试图摆脱它，你就有可能会出现一种或多种消极的负面情绪。

6. 第六种是第四种和第五种的结合。你期待自己只展现出好的一面，并活在你仰慕的那个人的价值观里。爱默生曾警告过世人，“嫉妒是无知；模仿是自杀。”设法成为别人是行不通的，因为做真实的自我能带来的卓越远胜于你强加给自己的幻想。当你遵循自己的最高价值观时，你会有更切实可行的期望和满足感。但是当你设法不辜负别人的期望时，就像是在努力成为埃尔维斯①一样。做别人时，你只能成为某某第二。那为什么不成为最好的自己呢？

7. 第七种是前六种的结合。现在你把诅咒翻倍了。你期待自己和别人都能够只展现出好的一面，并且每一个人都活在别人的价值观里。现在，你既生自己的气，也生别人的气。因为，他们和你都没办法满足你不切实际的期望。你又一次在创造一个世人无法满足的幻想。

8. 接下来，不切实际地期望世人或者某些拟人化的本土神和宇宙神，只展现出好的一面。我见过人们向依自己的形象和价值体系创造出来的拟人化神祈祷，以保护他们免受油然而生的焦虑之苦。他们祈祷："亲爱的上帝，请赐予我想要的一切，保护我不受到任何伤害。"这在某种程度上似乎是一种精神分裂式的幻觉，但数十亿人都在这样做。他们期望世界只有好的一面，并与他们想要的相匹配：只有和平没有战争，只有积极没有消极，只有支持没有挑战，只有保护没有侵略。当一些东西挑战了他们的价值观时，他们会生气并与之划清界限。他们创造了一个关于生活应该是什么样子的幻想，并沉迷在这个乌托邦式的幻想里。当然，许多营销专家正时刻准备着向他们推销这类精神鸦片和幻想。

9. 不切实际地期望世人或者某些拟人化的本土神和宇宙神，活在你的价值观里。想象一下一早起来就说："亲爱的世界，亲爱的宇宙，或者亲爱的上帝，我想让整个世界与我幻想的和想要的一切相吻合。

① 美国著名摇滚明星，人称"猫王"。——译者注

请保佑我实现这个梦想。”这有点不切实际。当然，人人都在这么做，而且还用着一套完全不同的价值观。

更现实合理的情况是，你按照你的价值观排序体系生活，而其他人则按照他们的价值排序体系生活。每个生物体都在努力实现自己更基本的生存机制，而世界则建立在这些努力生存着和繁荣着的生物个体之上。如果你的期望不切实际，你就无法实现它们；你最终会变得愤怒和好斗，并责怪这个世界。这种不具韧性的心态最起码有可能让你感到些许沮丧。

我曾经和达拉斯的一位女士合作过。她的儿子是一名摩托车越野赛选手，经常做一些空翻之类的特技表演。她曾经祈祷，“亲爱的上帝，请保佑他不受伤。”她很焦虑也很害怕，于是她每天向上帝祈祷。每天他都没有受伤，她想：“上帝在保佑他。”后来有一天他发生了重大车祸，几乎四肢瘫痪。

此时，这个女人对自己在脑海中虚构出来的上帝感到愤怒：他没有保护他。她抑郁、生气、痛苦，责怪上帝。她不想去教堂，因为上帝让她失望了。她的期望是不切实际的，因为她一直在向自己想象中的拟人化幻想形象祈祷。最终，她抑郁了。

之后，她的儿子去看了一位脊椎神经科医生，进行了调整，并逐渐恢复了他的神经功能，最终竟完全康复了。这个惊人的治疗效果给了他启发，让他决定成为一名脊椎神经科医生。后来，他获得了博士学位，开了一家诊所，并开创了一个饶有前途的业务领域。然后，他开始赞助摩托车赛事。这时，他的母亲开始说：“也许上帝最终还是做了一些正确的事。”

同样地，有时候人们会对世界或社会（包括政客们和权力人物），甚至是对他们创造出来的拟人化神抱有不切实际的期望。

10. 这是第八种和第九种的综合。你不切实际的期望扩大到了一个更广的范畴，期待社会中的每一个人和整个世界或者某些拟人化的神，都活在你的价值观里。

11. 第十一种是第三种、第六种和第十种的综合。现在你真的要陷入严重的抑郁症了，大概到了要自杀的程度。因为你完全活在幻想中，觉得生活“应该”要这样或者一定要那样。

12. 不切实际地期待机器也只有好的一面。你可能生过电脑或车库门锁的气。如果你期待机器去做设定之外的事情，那你一定会焦虑。如果你不给自己的汽车加油，导致它停在路边，还要生它的气说，“我简直不敢相信，它会这样对我。”那说明你对这辆小汽车存有不切实际的期望，认为它会做一些与其机械设计无关的事情。

13. 你还有可能会不切实际地期望机器活在你的价值观里。我知道有些人，尽管他们知道自己花费过多，但仍然上网责怪电脑没有给他们带来正向的现金流。他们没有审视自己和自己的行为，而是把责任推给电脑或银行。当你的期望不切实际且不平衡时，你会变得愤怒好斗，爱指责他人。你会觉得自己遭到了背叛，受到了批评，面临着挑战、绝望和沮丧。你想退出，逃离这种状况。你感到受挫和无助，变得暴躁和悲伤。但这一切都是你自己造成的。

临床抑郁症，是你把自己平衡的真实现状与不平衡且不切实际的期望和幻想进行比较的结果。你假设，如果所有这些不切实际的期望都成真了，你就会感到快乐。沉迷于这样的幻想让你患上了抑郁症。

在我的研讨会上，那些在临床上被诊断为抑郁症的患者，已经因为生物化学物质失衡而被他们的精神科医生告知需要进行药物治疗。他们来找我时，我会说："所以你是临床上确诊了的抑郁症患者，嗯？"

"是的，过去两年我一直无法正常运转。我已经不工作了。"

我会确保他们没有残障保险或军队资助来解决这个问题。因为，如果生理或心理的缺陷给他们带来的金钱比上班赚的还要多，他们就很有可能不会想回去做那份收入少的工作。除此之外的其他情况下，我都会坐下来问问题，让他们平静下来，不要对他人、自己或世界应该是什么样子抱有不切实际的期望，去欣赏自己的真实现状。有时候，这样做会在研讨会上就非常有效地消除他们的抑郁症状。

因抑郁症而出名

让我来阐述一下如何消除这些幻想。有一次，我在悉尼的瑞士酒店和一位女士聊天，她说："我有一个朋友，他曾一度被确诊为重度抑郁症患者，但现在却因为他的抑郁症而十分出名。他出版了一本书，采访了一些当时正在经历抑郁症的名人。他现在因为一份帮助抑郁症患者的事业而出名。

"他差点就自杀了，但最后他选择了吃药。缓慢但肯定的是，他康复了，他又正常了。我想让你和他谈谈。"

我在酒店见了他。简单的介绍和寒暄过后，我问道："你现在是抑郁症领域的榜样。你认为了解所有可能有助于治疗抑郁症的手段会对你产生帮助吗？”

“会。”

“如果我接下来告诉你一种可能的替代方案，一种新的治疗抑郁症的方法，你愿意了解吗？”

“如果有这样一种疗法，我肯定知道。我一直在研究抑郁症，而且我与时俱进，了解这个领域最前沿的知识。目前还没有哪一种方案是我没有见过的。”

“要是有呢？你愿意听一下吗？”

“是什么？”

“一系列问自己的问题。”

“噢，我知道。这属于认知疗法。那根本没用，唯一有用的方法就是吃药。”

“要是有那么一种方法，能够在不依赖药物的情况下给人们赋能呢？你是否至少愿意听一听有关它的一些信息？”

他得到了制药行业的部分资助，所以我在此触碰到了他的一些利益。他有点抵触。

我想，“我要直击要害。”我说，“假如我在这里通过你自己的个人生活来展示这一点，你会介意吗？”

“怎么展示？”

“你能不能帮我一个忙？回到让你抑郁到想自杀，想结束自己生命的那个时刻。只要在你的脑海中回到那个时刻，就可以了。”

“我不太愿意。”

“拜托了。我只是想跟你分享一些深刻的问题。我保证这值得一试。”

“好吧。”

他决定回到那个时刻。那时，他一门心思想着要结束自己的生命，并真的很想那样做。

我说：“抑郁症就是把你的真实现状与幻想进行比较的结果。幻想是一种不会发生的不切实际的期望。如果你存在幻想，你的生活就会变成一场噩梦。因为你寻觅的是一个极端，而打你脸的是另一个极端。因此，让我们走进那个时刻去看一看吧。

“你到那个时刻了吗？彼时，你想要结束自己的生命。你把你真实的人生和你期望中的样子进行比较。然而，期望的人生并没有出现。那么，当时让你觉得没有得到满足的期望是什么？”

“我知道，”他说，“那时，我在一家公司上班。我正处在不断晋升的阶段，眼看就要得到我想要的理想职位了，因为那个位置上的人要离职了。我知道我适合那份工作，但是公司却从外面找了一个人，并把他安排在那个位置上。这让我十分生气。我竭尽所能地去破坏这个人的威信，于是我们开始发生冲突。他解雇了我，尽管我曾经认为我不可能被解雇。

“我突然就爆发了。我暴跳如雷，痛苦不堪；我怒火中烧，气势汹汹；我感受到了背叛；我指责，我谩骂，我挑战，我感到绝望和沮丧。我的内心满是憎恨，伤痕累累。结果，我就得了重度抑郁症，想要结束自己的生命。因为我理想（幻想）中的职位和世界被剥夺了。”

“让我们再次回到那个时刻，”我说，“如果你得到了自己期盼的那个职位，又会带来什么不良的后果呢？”

“没有任何不良后果。”

“根据我的定义，一件只会产生积极结果的事情就是幻想。只要你看不到自己幻想出来的那个应该如何、本该如何、可能如何的世界有什么缺点，你就无法通过比较来欣赏自己的现实生活。幻想是虚构的；切实发生过的事情才是真实的。那么，这件事会带来什么不良后果呢？”

我让他探索过去，确认出一个又一个缺点，虽然他很肯定地说过不存在半点缺点。我问道，“如果你得到了那份工作，它会给你带来多大的收入？”他告诉了我。“二十年后呢？它又会给你带来多大的收入？”他也告诉了我。“现在，你是一位畅销书作者，和你一起出入的都是名人名流，你还可以获得代言费。那么你现在的收入又是多少呢？”他告诉我大概是前面那个数字的三倍。

“你会拥有名人身份吗？”

“不会。”

“你会写一本书吗？”

“不会。”

“你会遇见你现在遇到过的这些人吗？”

“不会。”

“你会有一个平台来做你今天做的这些事情吗？”

“不会。”

“那么你会得到什么呢？”

“为别人打工，困在那份该死的工作里，得到一份较为稳定的收入。”

突然，他开始看到这个幻想世界中的缺点，那些他以前从未质疑或正视过的缺点。直到从他目前的生活中挖出了同样多的优点和缺点，直到幻想破灭，我才停下来。分析到最后，我让他的感知回归了平衡，使得他对那件事和当前生活只剩下感激之情。

“现在试着找到你的抑郁，”我继续说，“去找找看。试着用你的思维去接触它。”

他无法做到。他说，“现在我无法接近它。”

“你之前能够接近它的唯一原因是你抱着不切实际的期望和幻想。存在极端情绪时，大脑或者说心灵会试图通过自我调节来保持内环境的稳定。因此，有幻想就会有与之相伴的噩梦，有欣喜就会有沮丧，有友爱就会有恐惧。任何一块磁铁都有两极。能够同时拥抱两端的人很坚韧，他们可以走出去做一些非同凡响的事情。而那些总是在寻求一端的人往往会被另一端打脸。”

那将是沉重的打击。幻想是柔软易得的即时满足。“我想要支持，但不要挑战；我想要善意，但不接受残忍。”

“这不是药物缺乏造成的，也不是生物化学物质失衡造成的，尽管可能和它们有关。”我继续说道，“这种不平衡源于你在潜意识里存储了分裂的无意识幻想和有意识噩梦。这在你的脑海中制造了干扰，让你从自己的执行中心走出来，并切断了你回去的通道，使你一路往下进入杏仁核。此时的你就会努力去获取求而不得的事物，设法逃离避无可避的东西。

“你一直在吃药，觉得自己失衡了。但这种失衡其实是一种反馈机制，它让你知道你已经远离了建立在自己最高价值之上的最初使命。此刻，你正在完成自己的使命，但之前却没有意识到这一点。”

“你很有说服力。”他说。

这个男人的危机变成了他的福音。因为他本来是要被困在一个相对稳定的工作里，而不是像现在这样做一份目标更明确的、激励人心的、意义重大的工作。那个夺走他工作的人，被他认为是邪恶的化身，实际上却是一名伪装天使。

“现在，我在你的脑海里诱发了一个潜在的挑战或者说问题。”我继续说道，“因为你正在推广的是一种生物化学物质失衡及药物治疗模式。但实际上，在很多情况下，这种失衡并不是真正的原因，可能有关，但不是原因。你的模式可能会分散人们的注意力，让他们无法收回自己的能量。你可能永远也不想再见到我，但我也是在一位朋友的建议下，才来与你会面，跟你说这一切的。因为你有影响力，你也许能够把有用的方法都传播出去。”

抑郁在南非

一次，有位女士参加了我在南非的研讨会。她来自东欧，因为嫁人而来到南非。她声称自己患有很严重的抑郁症，要靠药物来调节她的生物化学物质失衡。我说，“当你觉得很抑郁的时候，你在把自己的真实现状与一些不切实际且目前显然不存在的期待进行比较。因此，你把现在让你感到不满足的生活在和什么进行比较呢？”

“我搬到了一个新的国家，”这位女士说，“那个男人曾经答应我，只要我搬过来，就会给我很多好处，并提升我的生活品质，但他却没有信守承诺。他没有做到当初他说他要做的事情。我和他一起生了一个孩子，然后他就离开了。现在，我被困住了。我没有钱，也没有工作，还不能够去做我真正想做的事情——艺术和绘画。”

“你正在把你现在认为的生活困境与什么进行比较呢？”

“我本来可以很幸福的，如果我没有离开自己的祖国，也没有遇到过那个男人。”

“所以，如果你留在那个国家，从未遇到过那个人，或者经历过更理想的情况，那么会有哪些不利因素呢？”

“没有任何不利因素。我会很幸福。”

“通常情况下，人生中遇见的每一件事情都有两面性——有利的一面和不利的一面。那样做会带来哪些不利因素呢？”我必须摇一摇她，稍微推她一把，才能得到更客观真实的真相。

“我会待在这个世界上一个社会经济发展水平较低的地方。我可能会被困在那个国家。我可能永远也不会得到我来南非之后得到的这些机会。我也不会有孩子。”当她说到这里的时候，开始号啕大哭。

她现在本来可能还会有一个孩子。但是我们没办法证明这会是一件更好的、更让人觉得圆满的事情。我们可以对生活抱有幻想，觉得生活本应该、本能够、本可以是什么样子的。但是，请记住正在发生的这一切才是现实。如果你看不到自己的真实现状其实是一种福利，并且无法停止将它与幻想中的生活进行比较，那么你就不会欣赏目前这种真实的生活状态。

我让这位女士直视留在自己国家可能会面临的不利因素，以及来南非后得到的好处。来南非让她变得独立。如果她在家乡找一个人照顾自己，她可能就接受不到额外的教育，也不会拥有现在的艺术事业。

我帮助她识别出了幻想中的缺点和真实现状中的优点，直到她满含感激之泪。她给了我一个大大的拥抱说，“我现在不抑郁了。”

“是的，因为你的抑郁是你把自己的真实现状与幻想进行比较的结果。你对你自己或者别人以及你的祖国都抱有幻想。”

尽管人们可能已经被告知自己的生物化学物质失衡了，他们还是有可能在潜意识里存储一些幻想、不切实际的期望、愤怒和极端情绪，来消耗他们的化学物质。如果你用有效的方法一步一步带着他们往前走，你会造成巨大的转变，帮助人们走出所谓的抑郁症。

再次强调，也许可能真的有一些抑郁症是由生物化学物质失衡引起的，但是一定比我们被告知的要少得多。对于很多人来说，药物并不是必要或最优的选择。我见过很多人，一旦他们知道如何清除自己的幻想与不切实际的期望并开始欣赏当下时，他们就戒断了药物，且再也没有吃过药。

此外，如果你经受住了这一过程的考验，你就成功地给自己的生活赋予了能量。你就成为了命运的主人，而非既往经历的受害者。你给了自己力量，不再活在幻想里，不再努力获得来自杏仁核冲动的即时满足，而是遵循着自己的最高价值观去生活。务实、赋能、保持平衡，然后观察一下你的生理和心理会发生什么变化，以及你将变得多么坚韧。

如果你一直感到沮丧，你不必停留在那种状态里。你可以通过一些感知、决策和行动来给自己的生活赋能。我已经尝试性地给了你一些相关见解。

你的生活质量取决于你自己问自己的问题的质量。如果你问的问题能够给你的思想带来平衡，你就能够从幻想和极端情感中解放出来，这样你就可以欣赏自己的现状。做真实的自我带来的卓越远胜于你强加给自己的任何幻想。

恐惧是一种假设，让你认为即将发生的事情给你带来的痛苦会多于愉悦，消极感受会多于积极感受，损失会多于收益。友爱也是一种假设，让你认为自己得到的愉悦会多于痛苦，积极感受会多于消极感受，收益会大于损失。

第7章

疏导焦虑

Coping with Anxiety

也许你在人生中遇到过这样的情况：对未来感到焦虑、恐惧或担忧。因此，我想要讨论一下焦虑是什么，以及你可以做些什么来疏导它。对于这个问题，我已经研究了很多年。在这里，我要分享给你的可能会看起来很新奇。这些信息也许是你在别的地方找不到的。

蓝牛仔裤与白衬衫

假设你是一个小孩，你看见并听见自己的父母在争吵。父亲逐渐暴躁起来，开始打母亲，母亲也大声回击着。你不想听见他们说了什么，也不想看见这个场景。你跑进自己的房间，躲在床下，闭上双眼，捂住耳朵。你想就这样沉沉睡去，以逃避这次经历。

第二天早上你起床时，争吵已经结束。但你仍然会在潜意识里存储下前一天晚上看到的情景，并且这一次经历让你感受到的只有痛苦。

让我们假设第二天你和妈妈一起去超市购物。你在过道里看见一个人，他穿着蓝色牛仔裤和白色衬衫。这正是争吵时，你父亲穿的衣服。同样颜色的衣物触发了你的关联机制，让你想起了那件事情。你并未真正关注这个从你身旁走过的男人，但你抓住了大脑中的衣服色彩关联线索。这些线索在说，“这个男人让我觉得不舒服。”这个男人身上的蓝色牛仔裤和白色衬衫让你觉得似曾相识，于是你就在脑海中建立了关联。

假设你的父亲是一头褐发。一天后，你可能在路上看见一个人，他穿着蓝色牛仔裤和白色衬衫，但他的头发是金色而非褐色。此时，你在这头金发和蓝色牛仔裤、白色衬衫之间建立起了二级关联。当你再看到穿着蓝色牛仔裤、白色衬衫，留着一头金发的人时，你就会觉得不舒服。

关联可以是视觉的，也可以是听觉的，还可以来自任何一种主要的感官刺激模式。你可能会记得这样的瞬间——某个人的声音让你想起一个自己曾经不信任的人，因为那个人对你撒过谎，没有言出必行、说到做到。于是，这个声音就会让你产生焦虑、退缩的情绪。关联还可以是嗅觉的或味觉的。如果有人喷了一种香水，让你想起二十年前那个与自己分手的人，那么结果就是你也不会喜欢这个喷香水的人。

我们的大脑可以建立一层又一层的关联——一级关联、二级关联和三级关联。焦虑是大脑中的一种二级关联或三级关联综合征，即由一组刺激触发的对最初感知为痛苦或恐惧的事件的无意识反应。几乎每一次极端痛苦的经历都可以触发二级关联，制造焦虑。

我知道有人在喝酒喝得正愉悦的时候，突然有警察进来突击搜捕，然后把他们关进了监狱。之后，他们再看到酒瓶就会立刻想起这件事情："从那以后，我再也没办法碰酒精了。我不想再触碰它。它让我反胃。"因为被送进监狱的时候，他们差点吐了。

也有让你愉快的关联。也许你碰到的某个人会让你想起从前的爱人。他/她可能对你好到令人难以置信的地步，只是后来搬离了你所在的城镇。然后，你就会被某个与之有着相同外貌或气味的人所吸引。

感知失衡

像我们之前探讨过的许多问题一样，焦虑只是由感知失衡以及随后的复杂关联引起的。恐惧是一种假设，让你认为即将发生的事情给你带来的痛苦会多于愉悦，消极感受会多于积极感受，损失会多于收益。友爱也是一种假设，让你认为自己得到的愉悦会多于痛苦，积极感受会多于消极感受，收益会大于损失。恐惧与友爱都可能触发二级关联反应和三级关联反应。你会得积极幻想症或消极焦虑症。其中积极幻想症有时又被称为钩子，它让我们不断重复相同的冲动行为。

情绪障碍症是信息缺失的结果。处于友爱或幻想的状态，你会无意识地错过或忽视事物的缺点；而处于恐惧或焦虑的状态，你会无意识地错过或忽视事物的优点。一旦你找到了缺失的信息，就会发现隐藏在这些情绪障碍下的真实秩序。情绪障碍症给你提供了一次机会，让你意识到那些你还未凭直觉意识到的东西。至此，你的大脑又恢复了平衡，并重新意识到一直环绕在侧、遍布人生各个角落的爱。它在给你提供反馈，帮助你变得更有能量、更真实、更坚韧。

成瘾行为可能源自与二级关联或三级关联相关的愉悦感知。人们会对某些食物上瘾，也会对某些关系上瘾。对此，人们有着与焦虑和恐惧相同的模式和循环。只不过，我们通常不会把它们归为坏事而想要逃离。因为成瘾行为能带给我们愉悦或有利因素，而这正是我们一直在寻找的。焦虑时，我们会寻求帮助；但是，积极的钩子给生活带来的破坏性并不会比挑战给身体带来的破坏性少。

那么，我们可以怎样处理这些基于生存的、由冲动或本能引发的、积极或消极的关联呢？首先，当你的大脑制造出一种关联时，它同时也会制造出一种反关联。也就是说，当你认为某次极不愉快或痛不欲生的经历给你带来的只有痛苦毫无快乐时，你会从中脱离出来，让自己的大脑/心灵利用先前经验里的图式创造出一个只有快乐没有痛苦的幻象来进行补偿，以达到生理和心理的自我平衡。

再次强调，不伴随着幻想的噩梦十分罕见。大脑会平衡相互对立的情绪。只是，我们通常情况下只意识到了其中的一种情绪，而没有意识到另一种情绪。如果我们只意识到了与二级关联和三级关联相关的消极面，而没有意识到它们的积极面，我们就会得焦虑症。我设计了一些问题，来帮助人们察觉或意识到他们潜意识里的东西，以平衡他们的精神天平；这些问题可以在德马蒂尼方法里找到。

快乐与痛苦相伴相生

假设我能够给你准确地展示出这一刻：快乐并痛着，痛并快乐着；我就能够疏导你的焦虑。这一过程快到令人惊奇。当你感到焦虑时，大脑里的关联已经堆积成了一大片，让你看不到天平的另一端和磁铁的另一极。

焦虑的你只意识到了事情的消极面，而没有意识到事情的积极面。如果初始事件、二级关联或三级关联未同时达到平衡状态，它们就会被存储在潜意识里，日益扩大自己的影响范围，让你变得更焦虑。我就曾看见有人焦虑到许多微小的、看似无恶意的刺激都能够诱发他们的焦虑症，以至于他们一直活在这种恐惧里。

事情不必非得如此。我做的其实很简单。我指导受试者回到那个时刻。彼时彼地，他们觉得自己正在经历一件令人厌恶的、给他们带来痛苦和创伤的事情。把你脑海中与厌恶反应相关联的细节逐条列出。回到这些事件发生时的情景中去。你可能会说，“我不愿回忆那件事情。”但是，这样做非常值得。因为如果你能回到那个时刻并再次参与其中，你的直觉就能够接触到当时用来补偿的另一面。这可以把你从失衡的记忆中解放出来。

《神经元》杂志里有一篇美妙的文章讨论了记忆与反记忆。文中提到，当大脑里有抑制或促使某种神经通路及其相应功能发展的记忆时，它就会同时创造出相对的反记忆。该反记忆会促使或抑制别的功能来平衡此记忆，从而让大脑中的化学物质和电能保持平衡，使其远离干扰、指责或混乱。当人们失衡时，他们可能会最终出现精神分裂的行为、双相情感障碍或别的神经问题。

参与到那个确切时刻，观察彼时彼地自己或他人展现出来的，让你讨厌或想逃避的具体特征和行为，把当时的情景内容逐一列出来。具体是什么？你真正看见的是什么？听见的是什么？闻到的是什么？品尝到的是什么？感觉到的是什么？获得尽可能详细的信息——内容、背景、地点、时间、事件、原因——尽可能详细。具体发生了什么？发生在谁身上？是你身上还是别人身上？自己或他人？一旦我们有了这些数据，你就可以让你的直觉去揭示记忆的相互对立面或反转面，找到反记忆的精准数据。你会发现，你的大脑在同一时刻经历了完全相反的事情，但你并没有意识到这一点。

当我为别人做这件事情的时候，往往会给人留下极其深刻的印象。人们说，“我不知道这些信息在那里。”大脑完整地保存着这一对相互对立面，但我们把它割裂开来，一半存在意识层面，另一半存在潜意识层面。

如我们所见，所谓的精神“紊乱”是感知失衡的结果——只感知到了优点没感知到缺点，或只感知到了缺点没感知到优点。无论是哪种方式，对大多数人来说，都需要花一些时间去跨过这种失衡的状态，发现事情的另一面。不过，你可以通过同时看到事情的两面来拥有岁月智慧（但又无须受到岁月的洗礼）。我在德马蒂尼方法里设计的那些最佳问题，可以帮助你实现这一点。事实上，你的直觉一直在设法为你指出事情的另一面。如果你仔细观察，参与到那个时刻，你的直觉就会让它浮出水面。

在使用德马蒂尼方法来处理这些焦虑和恐惧的过程中，我发现人们能够在进入到那个时刻的三秒钟之内，同时接触到事情的两面。但是，深入到那个具体的情节中去还是很明智的；内容、背景、地点、时间等等这些细节能够帮助人们唤醒没意识到的那一面。

创伤时刻

大脑会倾向于，从任何被感知成磨难或创伤的事情中分离出来，并同时创造一份狂喜关联来平衡它。我认识受过虐待的人：他们会启动冻结反应，从中分离出来，创设出一些补偿幻想以求生存；但他们并没有意识到自己在这么做，直到我把他们带回到那个创伤时刻；彼时他们的大脑正在将自身分离出来，创设一种幻想来保持内环境的稳定和平衡。这种情况在挨打、遭遇强奸和车祸时，都会出现。当你感受到的只有痛苦毫无快乐时，大脑就会自动从中分离出来创造出它的对立面——只有快乐没有痛苦——来平衡。

在一个案例中，我带一名女士回到了她试图自杀的那个时刻。她觉得人生和她想要的与想象中的样子完全不同，因此她想结束自己的生命。她正在滥用海洛因，她的思想出现了分离现象，并创造出了与她感知到的所谓的创伤生活完全相反的幻想。她觉得自己应该为父母的离婚负责。她不知道如何应对这种想法（尽管这不是事实）——她对父母的分开负有责任。作为一个青少年，她开始通过喝酒和吸毒来逃避自己对父母分开或者说家庭破裂的责任感。

当我让她回到那个试图自杀的时刻，她的意识从中分离出来，把父母放进她脑海中的幻想世界里。他们在蝴蝶翩翩起舞、小鸟欢快歌唱的田野中漫步。她构造了一种幻想出来的生活：和父母在一起，她牵着他俩的手，让他们不再分开。这个完全相反的记忆帮她平衡了原有的记忆。在那个痛苦的记忆里，她觉得自己是导致父母分开的罪魁祸首；但是，在这个想象的世界里，在她的反记忆中，她又把他们聚在了一起，让他们重回快乐的状态。

悲伤与喜悦、痛苦与快乐，大脑中同时存在着这两种记忆和反记忆。如果你只看到了坏的一面而没有看到好的一面，并且将任何事物都与之关联起来，你就有可能患上恐惧症或产生焦虑反应。相反，如果你只看到了好的一面而没看到坏的一面，你就有可能产生友爱、幻想的反应，例如成瘾行为。如果你能同时看到事情的两面，整个情绪就会流动起来，你会参与其中，内心充满感激和爱。

我向这位女士展示了她备受折磨的确切时刻，她看到了自己的幻想，并将其与现实融合在了一起。她感动得热泪盈眶，并意识到自己的内心并没有受到折磨；实际上，这是一种同步的平衡行为。在我看来，爱就是一个把事物相互对立的两面同时拉回来平衡地放在一起的过程。突然间，她感受到了爱，觉得自己又完整了。

当我与焦虑症患者一起合作时，我会进入到初始事件正在引发痛苦和恐惧的那个真实时刻。我可以向他们展示对立的情绪在哪里，狙击所谓的初始痛苦创伤或者别的引起恐惧的事物。一旦我将其中和，并向他们展现出事物的两面，他们就不再拥有一个只有痛苦没有快乐或只有快乐没有痛苦的记忆了。他们会看到平衡。他们会在那个时刻感受到被欣赏与被爱。他们会意识到没有什么东西需要修复。他们会发现表面症状下的隐藏秩序。他们还会发现且意识到曾经缺失的那些信息。

很多时候，如果我能够或者被允许去接触初始事件并将其中和，那么与之相关的二级关联就会消失。如果我只能获得二级关联或三级关联或后续的诱因，我也可以像剥洋葱一样回到初始事件。殊途同归，不管用哪一种方式，我最终都会到达目的地。有时候，我在处理二级或三级关联时，可能会直接把它清除干净。然后再进入下一个记忆，找到其反记忆，将它清除干净。我可以在受到其召唤后，一层一层地扒，最后回到初始事件，也可以直接回到初始事件。

假设你所在的房间着火了。整个房间都是烟，你处于崩溃的边缘：门锁了，你出不去，你觉得焦虑和恐惧。我可以带你在脑海中一帧一帧地回忆每一个时刻。如果我把你的每一份记忆与反记忆一秒一秒、一帧一帧地拼凑在一起，往回倒带，直到你经历完整个事件，我向你保证，你不会、也不可能再感受到焦虑。

我对人们做这件事情的时候，给他们留下了深刻的印象。有时候，他们已经被当成焦虑症患者治疗了数月或数年，但是没有人能够让事物的相互对立面同时出现在他们的脑海中。你做到的那一刻，焦虑就完全解除了。一切就结束了。

如果你从没这样做过，这个过程可能会让你觉得困难，但是，我向你保证：此过程是有条理的、环环相扣的、有作用的。当我们压抑潜意识时，一个这样的工具能够帮助我们把潜意识里作为补偿的共时性感知带入到意识层面，唤醒全意识，有时也被称作正念。

获取所有细节

让我们再来经历一次。回到那个时刻，彼时彼地，你自己或别人正表现或展现出某个具体的特征、行为或不作为，让你觉得鄙视、不喜欢、讨厌、憎恨或想要逃避，让你感到消极或痛苦。回到那个时刻。你到了吗？你在哪里？那是什么时候？具体发生了什么？背景是什么？驱动它发生的是什么？你看见了什么？你听见了什么？你感觉到了什么？你闻到了什么？你品尝到了什么？获得尽可能多的感觉形态；获得尽可能多的细节；把它们写出来。

完成上述步骤后，就开始寻找对立面。如果是一间黑暗的屋子，那么灯在哪里？如果很喧闹，那么轻柔一点的声音在哪里？如果一直动得很快，那么在哪里会慢下来？反记忆会在那里平衡记忆。你同时意识到这两点的那一瞬间，你的意识就完整了。你的直觉一直在试图向你揭示这一平衡。我向你保证，在意识完整的情况下，你不会得焦虑症。全意识会向你揭开和揭示内容与反内容在脑海中同时进行时空纠缠的画面。

我最近在一位年轻的女士身上采用了这一方法。因为和朋友在街角相遇时发生的一件让她觉得是"创伤"的事情，她得了焦虑症。这次惨痛的经历导致她被送往医院，患上了心悸。之后，她就开始焦虑，需要吃药缓解，甚至在某种程度上对药物产生了依赖。她焦虑到爆炸，不想出去和别人互动，因为随之出现的二级关联在不断诱发恐惧。

她母亲把她带到我这里来，我有条不紊地带她回到初始"创伤"事件发生的那个时刻，一步一步走进当时那个让她产生焦虑反应的情景中。我们抓住任何一点碎片时间，用德马蒂尼方法找到对立面，使她的意识得以完整。然后我说，"现在你能够同时看到这件事情的两面，你脑海里出现了什么？"

"我一点都不焦虑了。它完全吓不到我了。"

"是的，因为你已经看到了它的两面。现在试一试，看你是否还能产生任何焦虑反应；看你还能不能想到任何诱发焦虑的事情。"

她只是微笑地看着我说，“不能。”

“是的，不能。因为你的大脑里不再只有偏激的单面感知。只感知到坏的一面会触发你的焦虑和恐惧，让你想要逃避。当你同时意识到事情的两面时，一切就结束了。”

令人难以置信的是，大部分人没有学过这一点；很多人甚至不相信，在我们的大脑里还有一个潜意识部分包含着每一次经历的另一面。不过，一旦你意识到这一点，你的眼界就打开了。事实上，事物的两面一直存在，但是我们不断把自己的经验分裂成意识和潜意识部分。然后，我们感知上的主观偏见会过滤掉其中的一面。结果，我们就会产生一种让自己心烦意乱的情绪，而不会意识到在我们人生里的每一个时刻都有爱的行为在平衡这一切。

如果我把和积极、消极关联的内容与分裂的内容全放在一起，它们就都会消失，取而代之的将是一种理智的、平静的、沉着的、活在当下的、中立的状态。当你意识到这一点时，会觉得自己充满了力量。一旦你学会了如何做到这一点，你就会意识到：不管生活中发生了什么，你都有能力唤醒潜意识，将其带到意识层面，而且你只会感到欣赏和理智。这会最大化你的韧性，因为你不再害怕失去友爱的积极面，也不再害怕获得恐惧的消极面。

一旦你掌握了这项技能，外界的一切就未必还能影响到你的生活。你可以中和任何感知与干扰。如果你问的问题能让自己看到事物的两面，让你完全意识到潜意识层面和意识层面的内容，那么就没有什么可以干扰到你，焦虑就会成为过去式，你也不必再与之为伍。

只要你看见或预期的消极面不多于积极面，就不会产生恐惧。只要你不觉得自己即将经历的事情包含的积极面多于消极面，就不会产生幻想。一旦你同时看到了事物的两面，就根本不再存在好或坏、友爱或恐惧的事情，除非我们主观上给它们贴上这样的标签。事物都有两面性，就像磁铁一样。如果你想拥有磁力去吸引来你想要的生活，你就得能够同时看见磁铁的正负极。

许多焦虑症和抑郁症之类的心理疾病都是反馈机制，旨在告诉我们对自己的现实情况撒过什么谎。同时，这样的反馈也是在确保我们能够对每一个事件都充满爱。生活中，任何不能让你说出感谢之词的都是负担；任何让你可以说出感谢之词的都是能量。重新找回你的中心点，让直觉唤醒真实的自我，让韧性和健康得到最大程度的发展。

让我来宣布一件可能会震惊到你的事情：地球上的每一个人都可以在三小时内清除掉自己的悲伤情绪。这一条声明，在无数个临床病人身上或者说受试者身上得到过验证。

第 8 章

走出丧亲之痛

Moving Past Grief

1976年前后，我在萨尔瓦多进行冲浪之旅。一大早我就会出去冲浪，然后11点钟左右回到住处吃点东西。

一日，我刚吃完早午饭，穿过圣萨尔瓦多外的拉利伯塔德走向海滩。我看见一支200人左右的游行队伍在街上走着。他们封锁了主干道，人们穿着白色和彩色的衣服，有庆祝活动和音乐。这看起来像是一场游行。我想知道发生了什么。我走过去，试图找到一个能说点英语的人。终于，我遇见了一位年轻的小伙子，我问："发生什么了？这是在庆祝什么？"

"我们的市长去世了。"

我有点震惊。这和我期待中的不一样。这看起来像是一场庆典，而不像是在哀悼死亡。

我跟着游行队伍来到墓地。他们把棺材放入土中。人们跳舞、庆祝、举行盛宴。

那位年轻的小伙子说他们正在庆祝这个人的灵魂得以自由。"他自由了。他不再被困于这副皮囊里。"

我想，"这是一个很有趣的视角。"他让我摆脱了悲伤和死亡的想法。那之前，我一直认为死亡是一件庄严肃穆的事情。你沉默不语。你可能感到沮丧，而人们也都在悲伤流泪。

就在那一刻，我想，“这很有趣；相同的初始刺激可以引起不同的反应；一个人的死亡可能导致哀悼，也可能导致庆祝。”

当下，我记住了这一点。那时我对临床应用还不感兴趣。几年后，我注意到，在一些国家人们参加葬礼时会穿黑色衣服，遮住脸庞，整个场景显得庄严肃穆、悄然无声。这跟我在萨尔瓦多看到的情形完全相反。我想，“是文化信仰和观念的不同导致了这截然不同的结果吗？”

这让我十分好奇。于是，我开始探究人们对失去或丧失亲人朋友以及悲伤的认知。这让我开发出了一种消除悲伤的方法。我会将其放在本章中来讨论。这个方法很容易上手，但是它也许会让你大为震惊，因为你可能已经习惯了围绕着死亡这个话题的哀悼和阴郁的气氛。现在我们也可以选择不悲伤。

悲伤：非表面所示

婴儿出生时，大多数人可能会说：“祝贺你！这真的是太棒了。”有人去世时，他们可能会对活着的人说：“节哀顺变。”但是，当我四处走访这些刚生下孩子或正在处理后事的人时，我发现了一个有趣的现象。

正如我强调过的那样，在我们的大脑里存在着意识部分和潜意识部分。我发现，刚生完孩子的女士们同时经历着两种情感。一方面她们会想，“我太高兴了。我有自己的孩子了！”但是，另一方面她们也会觉得，“哦，天哪。我对自己做了什么？这太让人难以承受了。接下来的三十年，我都要和这个孩子绑在一起。”对于此事，人们常常会意识到高兴的一面，并在社交场合表达出来；而对于悲伤的一面，人们则很少意识到它，并且还常常会在社交场合压抑住它，除非你问出这个问题来揭示它的存在。

我还询问过一些刚失去祖父母的人。他们一方面会为了这个人的离世而伤心难过。但另一方面，他们也会想，“终于不用再去面对这种缓慢死亡带来的挑战了。”

简而言之，我发现无论是出生还是死亡，都会同时给人们带来悲伤与释然的感受。但是，似乎没有人想去谈论事情的另一面。有人出生时，你就应该高兴：“祝贺你！”而有人去世时，你就应该悲伤：“噢，节哀顺变。”然而，事情的确有两面。这让我开始探索是什么导致了这种失衡，以及为什么人们在社交场合要戴上半边面具。

几千年来，人们一直在为死亡哀悼和悲痛，并将事情的另一面隐藏起来。我对此极其感兴趣。为什么有些人，甚至是有些动物，会这样做，我们有没有办法改变这种反应？

我敢肯定这是可能的，接下来我会给你们展示一下怎样做。如果你喜欢沉浸在悲伤里，那是你的事，但这样做确实会对我们的身心造成伤害。一直处在那个状态里，对你没有好处。悲伤持续的时间太长会导致健康问题。

让我来宣布一件可能会震惊到你的事情：地球上的每一个人都可以在三小时内清除掉自己的悲伤情绪。这一条声明，在几千个临床病人身上或者说受试者身上得到过验证。

悲伤的形式有两种。你可能遇见过让你觉得他们在大力支持你的人，你也可能遇见过让你觉得他们在不断挑战你的人。当别人支持你的价值观时，你倾向于向其敞开心扉；而当别人挑战你的价值观时，你倾向于对其关闭心门。

当你向某人敞开心扉时，你就激活了自己的杏仁核。当动物在寻求猎物、逃避猎手时，它们的这部分大脑就会被激活。因此，当你遇到支持自己价值观的事物时，就会注意到它，把它当作令你愉快的猎物。这是你生活中必不可少的一部分，你会敞开心扉接纳它，因为你想要吃掉它。而当你遇到挑战自己价值观的事物时，就会将其视为一类令人痛苦的猎手，因为它们可能会杀死你，然后吞噬你。

结果，我们就会自然而然地倾向于寻找猎物、逃避猎手。这是我们的动物本性，让我们心生悲伤的本性。因此，只有两种形式的悲伤。你可以感知到猎物的失去，这是食物；也可以感知到猎手的获得，这是可能吞噬掉你的事物。一种形式的悲伤，是感知到失去了对自己有吸引力的事物。当你迷恋某人时，你会用“蜜糖”“甜心”“杯子蛋糕”“甜心派”之类的食物名称来称呼他们。你会用到与舌头相关的语言，因为当你迷恋某个事物时，你会把它想象成甜的，并想打开心门接受它。

当你憎恨某个事物时，你不会觉得它是甜的；相反，你会把它当成苦涩的垃圾，想将其摆脱。每个单细胞生物都拥有一个排出废物和毒素的程序。

皮层下杏仁核或者所谓的动物脑是指挥人们寻求猎物、逃避猎手的大脑中心。悲伤是因为你觉得自己失去了苦苦追寻的事物，得到了想要逃避的事物。任何吸引你的事物都有可能让你心生悲伤。如果你进入了一段满心欢喜的关系，对方把你甩了后，你会觉得悲伤。这也适用于失去金钱的情况。你追求的每个事物都会在大脑的原始部分被标记为一种食物。如果别人把它从你手中夺走，你可能会觉得憎恨和悲伤。悲伤的原因有很多：认为失去了金钱、爱人、尊敬以及对世界的影响力，失去了身体、健康和美丽，失去了精神意识。如果你认为自己失去了理智，你可能会觉得悲伤。许多人都有成瘾行为。如果剥夺掉他们的成瘾行为，他们会表现出类似戒断症状的悲伤。

在天平的另一端，得到任何挑战你的事物也有可能让你心生悲伤。如果别人给你送来付不起的账单，你可能会觉得悲伤。如果你的前配偶搬到隔壁，并与一个年龄只有你一半的人结婚了，这也有可能会让你悲伤。任何你不想要但又出现在你附近的事物，都有可能给你带来悲伤。简而言之，失去你追求的和得到你逃避的是悲伤的两大源泉。

带领数千人走过这个过程后，我发现没有潜意识层面的释然就不存在意识层面的悲伤。再次强调，磁铁有正负两极，它们是不可分割的。

释然的两种形式

释然的形式也有两种。它们与我在上文中提到的示例内容刚好相反。释然就是得到你苦苦追寻的事物和摆脱你正在努力逃避的事物。这与悲伤截然相反。假设你没有钱，但你最后得到了一些钱，这会让你感到释然。或者你失去了让自己欲罢不能的男朋友或女朋友，然后他们又回到了你的身边。或者你饿了一会儿后终于有了吃食。或者你得到了一个能满足自己需求的商业机会。这些情况都会让你感到释然。

失去你不喜欢或憎恨的也会让你感到释然。如果收款人说，“别费心了；不用担心，你的账单已经处理好了。”，你会觉得释然。如果某个让你伤神的邻居搬走了——噢，太释然了！

释然就是认为自己得到了追寻的事物或摆脱了让你憎恨到想逃的事物。两者紧密联系在一起，究其缘由，我已在前述章节中讨论过。正如我所观察到的那样，当你在努力按照别人的价值观而非自己的价值观生活时，你的认知就会更偏激，你会很主观，让自己的观点存在确认偏误和不确认偏误。如果你按照自己的最高价值观来生活，你就会更客观，让自己拥有更平衡的观点。因此，你会变得更坚韧、更具适应力。

为什么这也适用于悲伤呢？当你同时看见逝者的两面时，你会拥有巨大的韧性。你的客观性和韧性越高，你的观点越平衡，你就越能适应变化。人们来来去去，你既不迷恋也不怨恨。但是，如果你非常偏激，那么你就更容易受到极端悲伤或极端释然的影响。

2003年，当美国抓住萨达姆·侯赛因时，美国人民会觉得释然，因为我们认为他是一个捕猎者；但在伊拉克的某些地方，人们会觉得悲伤，因为这些人把他视为英雄人物。卡西姆·苏莱曼尼也一样。当他在美国对伊拉克的空袭中丧生时，美国因干掉一名反派而释然，但伊拉克则因失去一名英雄而哀伤。

行为特征，既可以被视为积极的，也可以被视为消极的。事实上，任何一种行为特征都不可能真的只具备其中的一面。但是，我们有限的认知、观点和偏见使得我们会如此看待他们。狭隘的思维，会导致我们简单地把积极面和消极面道德投射为好的一面或坏的一面。我见过有人对某个行为特征着迷，后来又反过来怨恨这个特征。我也见过有些人憎恨某个行为特征，后来又反过来欣赏它。在我们对行为特征赋予相应的意义之前，它们本身既不积极也不消极，既不好也不坏。非黑即白的道德观是虚幻的，会导致道德上的伪善。

大部分人都活在非黑即白的是非观里，把事物简单区分为猎物和猎手，并表现出和动物一样的行为方式。他们活在一个充满得失的世界里。当人们出生或死亡时，他们会有非常强烈的情感反应。这个世界通过生死得失来维持一种必然的平衡。我认为，明智的人会对此少一些评判多一些适应。人生大师们生活在一个变化的世界里。他们适应能力强；他们坚韧；他们不会陷入极端的依恋。他们能够经受住世事的变迁。

我曾处理过一位女士的心理问题。父亲在电话里和她道别后，一枪爆头，在她的客厅里结束了自己的生命。我见过血淋淋的死亡现场，也见过有人20年后仍然因为某个人的离世而感到悲伤。悲伤真的与时间无关。你可以一直哀悼某个几十年前去世的人，也可以在某个人死后的瞬间或不久就消除掉悲痛之情。

20世纪90年代末，我在辉瑞制药公司的纽约总部组织了一次研讨会，与一群从大屠杀[1]中幸存下来的犹太人一起合作。他们亲眼目睹了家人的死亡，46年后仍然沉浸在悲痛之中。

我拿着阿道夫·希特勒的照片走进来，展示给大家看。他们不自觉地退缩。即使这些人已经六七十岁了，他们仍然会对此产生明显的情感退缩反应。我们没办法保证，时间会消除事件在我们身上留下的情感负荷。我们把这些负荷存储在自己的潜意识里。如果我们不能够平衡它们，它们就会一直待在那里数十年，掌控着我们的人生。但是，如果我们能够找到一个平衡模式，我们就会得到解脱。

以上两个案例中，我都用到了这种方法，且都常常有效。这个过程是在“突破自我”研讨会上，当着所有在场的人现场进行的。

假如我面前坐着的人正处于悲痛之中，我会问，“在你看来，这个人离开或亡故之后，你最欣赏、最念念不忘的是其身上表现或展示出来的哪个具体特征、行为或不作为？”

很多时候，他们会泛泛而谈，声称他们怀念那个人的一切。他们真的会怀念已故者的一切吗？于是，我问：“那你怀念他们掉在水槽里的脏头发吗？你怀念他们身上的臭味吗？你怀念他们的暴饮暴食吗？你怀念他们不付账单的行为吗？你怀念与他们争吵的时光吗？你怀念他们把房间弄得一团糟，地上丢满衣服的场景吗？你怀念他们总是很晚才回家吃饭的日子吗？”

“哎，我怀念的不是这些。”

---

① 指20世纪三四十年代纳粹对数百万犹太人的大屠杀。——译者注

“那也就是说你并非怀念一切。”没有人会怀念已故者身上那些他们不喜欢的特征、行为或不作为；他们只会怀念自己喜欢的那一部分。

这个人会说，“噢，天哪。我意识到自己只是在哀悼我所欣赏的那一部分，而不是我不喜欢甚至讨厌的那一部分。”

即使是结婚多年的夫妻，他们身上也会有让对方喜欢和讨厌的特征、行为或不作为。这是生活的一部分。然而，在一个人去世后，人们往往想要将已故者描绘成一个几乎只有优点且好到令人惊叹的人物。他们对已故者的这种单面幻想让自己心生悲伤。为了帮助他们，我会让他们直面这一切。我不是来此让人们只看到事物的一面，从而感到幸福的。我是来帮助他们恢复平衡和理智的。这样做是为了让他们能够继续自己的生活，完整地爱已故者的两面，不管在相处的过程中对方表现出来的是哪一面，都对过去双方共度的美好时光心存感激。

我再问，“你觉得让你怀念或被你视为损失的，是哪个具体的特征、行为或不作为？”

这位丧失了亲友的悲伤之人会说，“他们的支持。”

“具体是哪个行为让你觉得受到了支持呢？”

“他们的口头鼓励。”

“太棒了。你怀念这个行为吗？”

“是的。”

“你还怀念什么？你还在为失去什么而哀悼？”

“他们对时机的把握，他们的幽默感和笑声。”

“很好。还有什么是你所怀念的？”

“他们的建议，他们的引领。”

“你还怀念些什么？”

“我们一起做饭时的场景。我们会对人生有一些精彩的讨论。一起做饭并一起吃饭时，他们会听我说话，我感到自己被倾听了。”

“很棒。你怀念的是这种感觉，对吗？”

“是的。”

“还有呢？”

“有时候，我们会去钓鱼。然后，一起讨论我们的钓鱼技术。”

“你还怀念什么？”

“旅行。我们会一起旅行。”

“还有别的吗？”

我发现，在几乎所有的死亡案例中，你常常可以在已故者身上找到9—11项让其亲友怀念的特征、行为或不作为。我见过最多的是26项，最少的是4项。直到这个人完成了最详尽的清单，再也想不出任何别的事情来，脑袋里一片空白并说“就这些了。这就是我怀念的一切。我在哀悼这些东西的失去。”，我们才会停下来。他们只会列出那些支持自己价值观的特征、行为、不作为或品质，他们不会怀念已故者身上的其他事项。

等我们列举完这张怀念清单后，我会告诉已故者的亲友：“如果在这个过程中出现任何你可能会怀念的事情，请告诉我们。”

然后我会问，“当你意识到那个人已经去世了，不会再提供这些行为了，从那一刻起直到现在，你的身边有没有出现什么人在用他们自己的行为来弥补这份遗憾呢？”

刚开始他们会说，“没有。”

“再回顾一下。”

“我从没想过这一点。”

“仔细想想。那个人离世后的那一刻，谁出现在了你的生活中，继续着那些行为和特征？”

他突然说，“这很有趣。我妻子去世后，她的妹妹开始做一些她以前做的事情。她会过来跟我沟通交流，然后做三四件我妻子之前会做的事情。”

“太棒了。还有谁？”

“现在想想，我女儿也承担了一部分角色。”

“还有呢？”

“工作上也有一位女士对我非常照顾。”

我会继续问下去，我不想让他们编造出任何内容。我只想要他们仔细回顾。让他们惊讶的是，他们发现那些他们认为自己失去了的东西又再次出现在一个或多个人身上。这些东西既有可能出现在男性身上，也有可能出现在女性身上；既有可能出现在自己身上，也有可能出现在别人身上。事实上，你自己身上也有可能呈现出这个故人或亡者的某个特征。

我碰到过一位先生，他12岁的儿子去世了。他怀念帮儿子穿尼龙搭扣鞋时的情景，因为儿子患有唐氏综合征，所以不会自己穿鞋。

“那他去世之后，是谁开始在做这件事情呢？”

“我不知道。我想不出是谁在做这件事情。”

“我敢肯定绝对有某个人在做这件事情。再回顾一下。”

那位先生的妻子也在场。她突然说道，“亲爱的，这是不是很有趣？他去世后，你开始穿尼龙搭扣鞋了，并且开始像他一样踢足球了。”

“是的，你说得对。我之前完全没有想过这一点。”

这个新出现的个体可以是你自己，也可以是别人，可以是男性，也可以是女性，可以是一个人，也可以是很多人，可以是关系近的人，也可以是关系远的人。从1984年开始我就一直在使用这个程序，尚未发现有谁不能回答这个问题的，如果我坚持要他们继续寻找和探索的话，他们会突然说，“我简直无法相信。现在我的身边围绕着这么多会做这些事情的人。他们当中的许多人还会增加做这些事情的频率，尽管他们自己从前也没有意识到这一点。”

“的确如此。而且你自己也有可能会开始表现出其中的一些行为。”

我的妻子已去世多年。在那之前，她一直在为世界各地的27本杂志写作。她去世后，出于某种原因，许多杂志开始突然大量涌现到我面前。全世界范围内，我写过稿或接受过采访的杂志，大约有1500多家。我承担了她的部分角色。我还结识了许多为杂志社、出版社或相关行业写稿的人。

顺便说一句，我问过许多人这样一个问题：“你是希望自己在乎的人一直伤心呢，还是希望他们能继续过好他们自己的生活并活得很充实呢？”到目前为止，我还没有碰到过任何人会直视着我的眼睛说：

“我希望自己在乎的人会因为我的离开或去世而一直沉浸在痛苦里。”人们去世时，会希望自己的亲朋好友活得美好，活得圆满。因此，在我们悲伤时，可以自问：这种悲伤是跟已故者有关，还是跟我们自己的处理方式、内心冲突、对亡灵的偏见和社会灌输给我们的信仰体系有关。

当我的妻子去世时，我采用了这种方法或练习优雅并顺利地渡过了这一人生的重大转变。事实上，我还帮助了许多因她的离世而肝肠寸断的人消除悲痛。他们很困惑：“为什么我能感受到的是已故亲人的爱和存在，而不是悲伤和失落？”

当你真正或完全爱一个人的两面时，你就能够感受到他们的存在。我已经在参加过“突破自我”研讨会的10多万人身上证实了这一点。但是当你迷恋或憎恨他人时，你的情感就会被割裂开来，你就会产生悲伤或释然的感受。

让我们回到那个程序中去。我会列一张清单，把已故者过去常做的事情写在一边，然后把现在正在做这些事情的人的姓名首字母写在另一边，直到两边的数量相等为止。然后我会问，“现在，你是否确定这些新出现的人已经百分之百弥补了已故者身上那些让你赞赏和怀念的行为？”

如果他们说，“还没到百分之百的程度。”，我会一遍又一遍地叫他们不停回顾，直到他们说“噢，是的。我已经忘记那个人了。这的确有效。”，等等。他们意识到这在数量上已经平衡了。这之所以让人感到震惊，是因为他们以前没有探究过甚至从来没有想过这个问题。别的地方也不会教这些内容。我不允许他们编造或猜测任何内容。我只会让他们写下自己十分确定的答案。

这是我研究物理时发现的。物理学里有能量、信息和物质守恒定律：它只是改变了形式。我相信生命也是如此。正如巴克敏斯特·富勒说的那样，“在宇宙这一场景中没有死亡，只有转变。”

我在不同场合对“突破自我”进行过1560多次的介绍，平均每次有70多人参加。成千上万人体验过“突破自我”。同时，我还培训了成千上万名辅导员，并且他们已经在现实生活中反复使用过这种消除悲伤的方法。我在2011年日本石卷市地震、2016年福岛地震以及2011年新西兰克赖斯特彻奇地震后都使用过这种方法。到目前为止，我已经使用这种方法很长一段时间了，用它来处理一些严重的现实问题，并且取得了很好的效果。它传递出来的信息十分有力，可以改变你对死亡的看法。2018年，日本庆应义塾大学开展了相关的先导性研究，其有效性高达100%且长久，这个意义非凡的结果让研究人员倍感惊讶。

哀悼迷恋

接下来，我会处理故人或亡灵身上让这个悲痛之人欣赏或迷恋的那部分内容，因为你只会为失去自己喜欢或欣赏的特征、行为或不作为而哀悼。他们之所以悲痛，是因为他们在已故者身上的上述行为中看到的优点多于缺点、积极面多于消极面、支持多于挑战。如果他们看到的缺点多于优点，他们就不会觉得悲痛，反而会感到释然。

我会通过发现事物的另一面来中和这些优点。如果他们选择无视某个特征的缺点，那么这就是他们自己的潜意识盲区。我认为偏激的情感源自不完整的意识，但是爱可以让我们同时看见好的一面和坏的一面。如果人们能够真正地用这个方法走完整个流程，他们就会感受到爱、感激和故人的存在。如果他们不能，那么偏激的情感会继续存在，我还得继续努力。

我认为真正无条件的爱和感激不是极端情感。我觉得它们是一个综合体，同时包含着一组对立互补的极端情感。这些情感反映的是一种不平衡的状态，但是当我们使其平衡后，我们就会拥有一种最深沉、最真实的“谢谢你，我爱你”的形式。顺便说一句，这就是我们存在的真实本质。如果你只剩下24小时可以活了，你会做些什么呢？你会对你在乎的人说，“谢谢你，我爱你。”

无论如何，只要这些悲痛之人有意识地对已故者身上的优点念念不忘，他们就会因为这种失去而悲伤不已。并且他们不会意识到，已故者身上这些具有优点的行为背后也存在着缺点。于是我会问，“他们生前被视为优点的这些行为背后有什么缺点呢？当他们展示这些行为的时候，又带来过什么不利影响呢？”对于这些他们欣赏并觉得没有缺点的行为，我不想让他们说出任何假设的、编造的或存疑的答案，我只想让他们告诉我他们真正看到了的缺点、不利因素、消极面或挑战面。

刚开始，他们常常说：“我想不到任何缺点；我不知道；没有任何缺点。”

“不可能，”我说，“每一个特征都有两面。因此，它们的缺点是什么？”

让他们惊讶的是，当他们开始深挖时，潜意识层面的内容会涌现出来，记忆中的一些消极面和缺点也会开始浮现。正如我刚刚提到的那样，我不想要任何编造出来的内容；也不想要任何他们不确定的内容。我想要他们不断深挖，直到他们发现这个被欣赏的行为的另一面；因为特征——在意识狭隘的人将其标记成或好或坏、或积极或消极之前——原本就是中立的。

顺便说一句，如果某个特征真的是一个坏特征，那么它可能早就消失了，因为它不能提供任何服务。但是，这些特征已经延续了数千年，所以他们的确能够满足我们的一些需求。是我们主观偏见上的无知给它们贴上了非好即坏的标签。真实的情况是，它们又好又坏或既不好也不坏。这取决于你在不同的情况下怎样看待它们，以及它们与你的人为环境投射出来的内容有什么关联。

因此我问他们，“你所欣赏的具体特征、行为或不作为带来了哪些不利因素呢？”我开始列出所有的不利因素。我让他们一直回答这个问题，直到不利因素与缺点的数量和有利因素与优点的数量完全平衡。

有时候人们会说，“我想念他们的指引。”

我问，“他们的引导有哪些缺点或者带来过哪些不利因素呢？”

“我想不到任何缺点和不利因素。”

“让我们再来回顾一下。”

这个人突然说道，“在某次股票交易时，我的确因为听了他们的愚蠢建议而亏了钱。”

“还有呢？”

“他们指导我如何与自己的孩子相处。现在想来，那并不是最明智的做法。”

我再一次继续这个过程，直到不利因素与有利因素相等。我说：“你现在可以确定，之前列出来的每一个让你欣赏的行为都拥有一样多的有利因素和不利因素了吗？”如果哪怕只有一丝犹豫，我都会让他们继续这个过程，直到他们十分肯定为止。

当这个悲痛之人开始转变后，我就会转向每一个为其展现出或显示出这种具体特征、行为或不作为的新人，问：“这些人来到你的身边，扮演那个角色或展现并显示出这种行为，给你带来了什么有利因素和好处？”

他们说：“这些建议会更新潮、更与时俱进，与我真正想要的和我目前的最高价值观契合度更高。我不再觉得，自己有义务去满足那个想从他/她给的指引中得到些什么的人。现在的建议会更多样化。我接触到了更多不同种类的观点。这让我能够自己做决定。我不再依赖谁。我变得更有能量了。”

在我写到现在提供这些具体特征或行为的人带来的好处时，他们惊讶地发现，这些新形式与他们此时高度珍视的东西十分契合。这似乎是要让他们意识到，那个人的离世也许是为了某个更高的目标：“我不再被之前那个人的方式所限制。我现在又向前迈进了一步。”

一旦有利因素和不利因素完全平衡，我会问：“你现在是否还在哀悼那个人的离去？”

他们会说："不。"

倘若你对某人的认知是公正且平衡的，你就不会也不可能为了这个人的离去而感到悲痛。我会如此往复，直到清单结束。通常情况下，这可能需要45分钟，最长不超过3个小时。这就是为什么我会说，地球上的每一个人都可以在三小时内清除掉自己的悲伤情绪。当你完成整个过程后，他们、他们对你生活的贡献和他们的存在会让你感受到爱和感激。

一旦我做完这些，并和他们一起核查完清单上的条目，这些人的表情就都变了。他们的生理发生了变化。他们大脑里的化学物质发生了变化，因为悲伤是感知失衡造成的。

在制药业和精神病学领域，人们普遍认为抑郁和悲伤是由生物化学物质失衡所引起的，我对此提出了质疑。有人在临床上被确诊为抑郁症患者，我不到三小时就改变了他们。我敢打赌，他们回去后会发现自己大脑里的化学物质发生了变化。化学物质不是原因，而更像是一个相关的结果。人们被告知他们生物化学物质失衡，或者要花几年的时间才能克服悲伤。这着实让我惊讶不已。这样的结论源于无能和无知——不知道大脑是如何运行的，也不知道如何有效地帮助人们。

如果我是在一群人面前使用这个方法，我会问那个由大家选出来的悲痛之人，"环顾整个房间。这里有谁可以代表或者使你想起那个你刚刚还在因失去他/她而感到悲痛的人？"他们环顾四周，总会发现某个与已故者相似或让他们想起他/她的人。我会请这位替代者走到受试者的对面坐下来，给他们递上纸巾，因为他们即将要做的事情会让他们泪流满面——不是悲伤或哀悼的泪水，而是爱和感激的泪水。

我会要这两个人彼此靠得非常近，然后问："此刻，你内心深处想要与已故或离去的那个人分享一些什么？"

然后，他们会开始说话；他们两个都会进入一种轻度催眠的状态；他们不会注意到房间里的其他人。那个一直处于悲伤状态的人会自然地说出自己内心深处感激的事情，而另一个人则会用自己仿佛就是那位已故者或离去者的方式来回应。他们的交流温暖且开诚布公，似乎心有灵犀一点通。这真的让人感到震惊。结束后，他们会自动拥抱在一起，流下感恩和爱的泪水。他们两个都会感觉到那位已故者或离去者似乎真的就在现场。

然后，当他们从短暂的催眠状态中回过神来，我会拿着麦克风走向那位受试者，以便整个屋子里的人都能够听到我们的对话。我会问，"现在，你还会为失去那个人而感到悲伤吗？"

"不会。"

"你感受到那个人的存在了吗？"

"是的。"

"你还爱着并欣赏着那个人吗？"

"是的。"

"但没有悲伤，是吗？"

"是的。"

"尝试展示出你的悲伤。尝试触及悲伤。"

"我做不到。"

“尝试，尽你所能去尝试。试着找找看，看你是否还能感受到悲伤？”

“它不在那了。”

是的，它不在那了，因为你只有在认知失衡时才会产生悲伤之情。

抗拒与策略

然而，我也见过抗拒使用这个方法的人，因为他们心里有隐秘的意图与策略。让我来举个例子。在我处理过的一个案例中有这样一位女士，她嫁到了一个非常富有的家庭，但她丈夫的父母，尤其是母亲，并不希望他娶她。父母告诉他：“她配不上你。你值得拥有一位品质更好的女人。”但他还是约了她，并很快就让她怀孕了，他感到自己在某种程度上被道德绑架了。他和他的家人，尤其是他的母亲，都是这样认为的。他觉得自己有义务照顾好这个孩子，于是便违背父母的意愿娶了她。

生下来的是个男孩子。等他长到16岁时，开始与一个有特殊癖好的女孩子约会。结果，在一次云雨过程中，他绞住了自己的脖子，窒息而亡。

这位女士之所以被介绍给我，是因为她的心理创伤症状已经持续一年多了。于是，我与她私下合作。令人不可思议的是，她抗拒回答德马蒂尼方法中包含的问题，最后我说：“似乎有一种明显的动机阻碍着你深入挖掘答案。是什么隐秘的意图或动机让你如此抗拒呢？”

这位女士意识到，倘若她没有孩子，倘若她不悲痛，那么这家人就有理由让她丈夫离开她了。他可以离开的，但她不想因此失去他所提供的生活方式和机遇。只要她还在悲伤难过，这个男人就不会离开，他的父母也不会逼迫他离开。所以，在意识和潜意识的驱动下，她利用悲痛来维持家庭氛围的流转，确保自己拥有收入、声望和安全感。这真的令人震惊，有时候我们会为了获得安全感而变得十分有策略。

在这次漫长的谈话中，我一直在使用这种方法。也正是在这一过程中，我发现必须先消除掉她对这个男人和这个家所提供的东西的迷恋，让她对此产生平衡的认知。我在她身上一共花了大约四个小时，这比大多数案例长得多。一旦我们清除了她的那些与公婆对抗有关的偏执心理，让她对此有一个平衡的认知，她的悲痛就消失了。处理实际的悲痛可能只花了大约45分钟到一个小时的时间，但清除掉她的安全顾虑，让她愿意使用这种方法则花了不少功夫。

最终，这位女士不再悲痛。她甚至承认自己的儿子在吸毒。他往家里带毒品，引来了麻烦以及潜在的法律问题。“我们担心会惹上官司，收到法院传票之类的。当时，他已经不再正常上学，完全失控了。”

突然，她对儿子不为人知的一面的厌恶之情浮出了水面。他的去世甚至让她感到有些宽慰，尽管她假装表现出一副悲伤的样子。她的心情很复杂，但这至少更真实。

让我来告诉你一件令人震惊的事情：悲伤越大，内心的解脱感就越强。它们是一对相互对立的事物；它们交织在一起。因此，不要被外表和意识展现出来的内容所迷惑。深入挖掘。这就是为什么这种悲伤的解决方法非常有价值：它帮助人们变得融会贯通、客观、理性，让他们回到充满感恩与爱的平衡状态。拉尔夫·瓦尔多·爱默生曾经说过，为什么我们要用与之一同哭泣来表达对人们的同情呢？为什么不让他们重新接触现实呢？

这个方法让受试者触及自己真正感知到的东西，让他们同时意识到意识层面和潜意识层面的内容。当这一切结束后，他们会给我一个拥抱说："谢谢你。我解脱了。我不再悲伤。我感觉到我爱的人就在身旁。我爱这个人，但我不再迷恋或怨恨。我只是感觉到了他们的存在。我的心境开阔了。"

通常情况下，当我在研讨会上使用这个方法时，不仅被选出来的这两个人会流下感激之泪，整个房间的人都会流下感激之泪。在场的许多人也经历过死亡或失去，他们坐在那里，从中看到了自己的影子，处理着自己的悲伤。在研讨会上，我们做的事情会产生涟漪效应。

这个方法是有效的。一次，大约是在1988年前后，我飞到加利福尼亚州的圣地亚哥，租了一辆小汽车带我沿着海滩来到德尔马地区。我打算在那里向一位著名的心理学家展示我的治疗方法，但他拒绝了我，并嘲笑道："如果你所描述的东西真的存在，我应该早就知道了。"他对我要分享的内容不感兴趣，他不想听。我有点震惊，但也只是转身飞回了得克萨斯州。我想要么是我没有以符合他价值观的方式来向他介绍，要么就是那个时候他对替代方法根本不感兴趣。

讽刺的是，2007年我在毛伊岛举行的"突破自我"研讨会上作介绍时，哎呦喂，你瞧，那位先生也来到了现场。他甚至完全没有意识到我就是当年那个去过他办公室的人。他失去了他的妻子。他走上台来，我用这个程序清除了他的悲伤。出于某种奇妙的巧合，在场的人选中了他来做受试者，因为他很有名且他的妻子刚去世不久。我在现场把这个清除悲伤的方法用在他身上，展示给大家看。这一过程持续了近两小时，完成这次开诚布公的替代体验之后，他说："这真是太神奇啦。我可以发誓，我的妻子刚刚就在这里，片刻之前她就在我的身旁。现在我不再感到悲伤。"

我忍不住说道："顺便问一下，您还记得1988年我们见过面吗？"

"不记得了。"

"我就是当年那个想把这个方法介绍给您的人。""噢，天哪！我现在想起来了。我当时真是一个自大的混蛋，就这样把你推出了我的办公室。"

"您当年的确很自大，但我还是很高兴冥冥之中我们又见面了，而且现在你也了解了这个方法。"

那之后，他有意帮我宣传，并将这告之于人。我还没有发现谁会在经历这一过程后，不将其告之于人的，因为任何人都没有理由一直沉浸在悲痛中。这是完全不必要的。

释然的一面

在第一个宝宝出生前，妈妈们往往会有一点兴奋："等我有了孩子，我一定会十分幸福。"刚怀孕时，她可能会有点天真，心存不切实际的期待——一种幻想——结果等宝宝出生后，她有可能会变得抑郁。产前的兴奋可能会变成产后的忧郁。我很少见到一个没有在宝宝到来之前产生过幻想的忧郁的妈妈。再次强调，抑郁是把你的真实现状与你秉持的幻想进行比较的结果。很多时候，当妈妈们要生宝宝了，她们都会有一点单面幻想："有利因素一定会比不利因素多。"但是就像世界上的其他事情一样，怀孕和当母亲也有其两面性。

孩子出生后，我会问："你觉得这个新生儿身上的哪些具体的特征、行为或不作为，于你而言是一种收获？"

"我有了自己真正的宝宝，我可以抱着他/她，依偎着他/她；这个人是我的挚爱，渴望被我喂养；这个人会用一双美丽的眼睛望着我，吮吸我的乳汁；这个人需要我的帮助和爱；这个人需要我帮他/她穿衣打扮。"

我会写下这些她们觉得宝宝出生后会给她们带来收获且让她们欣赏的行为。通常情况下，这样的行为平均有9—10个，有时候会更多。我见过最多的是18个，最少的是6个。

然后，我会问："孩子出生前，是谁在提供这些具体的特征或行为呢？"我把以某种形式提供相同或类似特征的人的名字收集起来。大部分时候，是丈夫。原本是丈夫养护着妻子，但现在有了孩子，夫妻之间的关系就疏远了。他们没有了独处的时间，因为她要专心致志地照顾好孩子。原本丈夫在衣食方面会得到妻子的照顾，夫妻之间也会有亲密之举。突然间，这部分行为被撤回了。这就好像在说："好了，捐精者已经提供了他的精子，现在我需要把精力放在孩子身上了。"这种情况并不少见。对于有些女性而言，如果她们不知道怎样平衡这一点，就会为此付出代价，因为丈夫最终会觉得自己被忽视了。

有时候，母亲会对宝宝刚开始展现出来的某些特征产生浓厚的兴趣。如果有这种情况，我建议这位母亲找到一个或多个曾经提供过这些特质的人。突然间，她就会意识到自己并没有获得任何额外的东西，她只是改变了获取的途径。记住，大师活在变化的世界里，大众则活在得失的幻觉中。

然后我会问，“这种新形式带来了哪些不利因素呢？”

“我晚上的睡眠时间变少了。当我看着他们的眼睛时，有时他们在哭，有时他们在对着我大喊大叫。偶尔，我会因为他们在尖叫哭闹而看都不想看他们一眼。”

你开始在往里面增加一些内容了。你看见了不利因素，同时也看见了孩子出生以前存在的有利因素。等你发现的不利因素和有利因素在数量上和质量上都相等时，它们就平衡了。

当妈妈这样做时，她就会变得更理智，更能理解这种新的家庭动态。她们不会对孩子产生迷恋或怨恨。她们对孩子和丈夫都会产生爱的感觉，并愿意陪伴在他们左右。孩子也可以感受到这一点，并在其行为中表现出来；因为在你表现出真正的陪伴和真正的爱时，孩子就会平静下来。孩子的许多情绪与父母潜意识中存储的迷恋和怨恨有着很大关系。一旦这些情绪得以平衡，孩子就能从中受益。他们会更泰然自若；他们的发展之路会少一些无常；他们的情绪也会少一些波动。孩子们可以平衡甚至平息家里紧张的、评判的和冲突的氛围。

天平的两端平衡的那一刻，你会意识到自己既没有得到什么也没有失去什么，只是迎来了转变。这个转变既没有让现状变得更好，也没有让它变得更坏，所以这里面不包含任何道德伦理上的是非问题。你只需要尊重这个转变，保持独立，并让自己有能力来适应不断变化的环境。因为，事实就是，这个世界每分每秒都在变化。消除得失幻觉会让你变得更具适应力、更坚韧。

哀悼7.5亿美元

这个工具不仅仅局限于生与死。你可能会失去一笔钱。曾经有一位先生，他是一名对冲基金经理，他认为自己损失了7.5亿美元。我们在48分钟内完成了这个训练，清除了他的悲痛之情。他把自认为失去了的东西标上美元价值，全部加起来得出一个总数，然后发现生活以一种新形式给他带来了同等的价值。那么新的形式带来了哪些有利因素，旧的形式又拥有哪些不利因素呢?

这个人意识到，自己的对冲基金合作伙伴做了一些违法的事情。这位合作伙伴盗窃了他的钱并逃到了海外。第二天，他发现自己的银行账户和投资账户被洗劫一空，资金高达7.5亿美元。他在来“突破自我”研讨会之前，一直非常愤怒和沮丧，偶尔还会出现心脏问题，只要一想到这件事就心悸。他想要杀掉那个人。

然后我问他，“那你从这次明显的损失中得到了什么呢？没有得就没有失。这只是一个形式的转变。”

这个人开始笑了起来。他说，“我摆脱了一位拜金的妻子。她并不是真的对我这个人感兴趣，她只是在利用我赚钱。五年来我一直想和她离婚，这次事件让我没有付出太大的代价就摆脱了她。合作伙伴把钱卷走后，她就离开了。我变得一无所有。离婚进行得又快又干脆。我本应分给她3.6亿美元，但我觉得她不值这么多，所以我一直忍受着这段不幸福的婚姻。我还恢复了健康。之前因为工作太辛苦了，我患有严重的高血压。这件事情发生后，我一直在锻炼身体，努力恢复身形。我还在生活中吸引到了一个真正喜欢我的人。她不是为了钱而跟我在一起，因为我已经没钱了。

"合作伙伴把钱盗走后，客户们并没有生我的气，他们生的是这位合作伙伴的气，因为我自己也被骗了。我得到了客户们的信任和律师团队的支持。现在我明白了，我有能力重建自己的公司，而这个人则可能会进监狱。如果他没有盗走那些钱，进监狱的可能就是我，因为他用客户的钱做了一些不为人知的勾当。

"这是我人生中最美好的一天。我现在才意识到，他盗走7.5亿美元的这件事情其实是一个礼物。"他对那个人和那件事产生了感激之情。

是否丢了钱，这并不重要；是否失去了一条胳膊或一只眼睛，这也不重要；丢失了什么都不重要。这个方法之所以有效，是因为它的基石是支持或挑战你价值观的那份认知。一旦你明白了这一点，就能够让自己的得失平衡，不以得喜，不以失悲。我有幸帮助过许多深陷各种明显损失的人。

有些人会问，为什么你要中和掉兴奋的情绪呢？兴奋难道不是好事吗？不一定。它同样具有两面性。因为当你沉迷于一个让你躁狂的幻想中时，一旦你觉得自己失去了它，就会立刻陷入抑郁的情绪。太过于依赖幻想，是在让自己陷入下一次失去的境地。感到兴奋意味着你暂时忽视了事物的负面因素。

如果你对他人产生了高度的迷恋，就会害怕失去他们。如果你对他人的爱建立在更平衡的认知基础上，就会感受到他们的存在。德马蒂尼方法帮助人们回到感恩和爱里去，让人们意识到自己周围世界里的隐秘秩序并保持这个世界的平衡。无论发生什么，它都会帮助人们学会欣赏，变得有适应力，变得坚韧。它让人们从客观而非主观的角度来看待问题，这有助于他们听从执行中心的指挥而非杏仁核的指挥来生活。它让人们明白，我们不会只深陷于自身的动物行为中无法自拔，我们还能够掌控这种行为。我们可以让它来主宰我们的生活，成为既往经历的受害者；我们也可以推翻它，成为自己命运的主人。

过后，参试者可能会想到2—3件研讨过程中没有想到的事情。这些年来我多次看到过这种情况。此时，你只需要重复这个四步程序来处理最初被你忽略掉的那些具体行为，再次消除他们认知里那些不完整、不平衡的观念。

失去祖母

一位心理学家邀请我到加拿大的爱德华王子岛介绍德马蒂尼方法。他们请来了自己大学心理系的人和附近两所大学心理系的人。

一开始就有人想辩论，试图证明我的方法是错的。他们说：“噢，不，你不能那样做。悲伤是人类重要的、自然的、健康的情绪体验。”

我说，“我们可以浪费一整天的时间在这里玩心理游戏。但是为什么不让我直接演示一下这个过程呢？在场的人中，有没有谁正处于悲伤的情绪中？”

许多双手举了起来。最后，我们选择了一位年轻的女士。她的祖母于两天前去世，她觉得自己失去了她。祖母像生母一样将她养育成人。很明显，她认为祖母的离世让她有所失去并因此而悲痛万分。她泪流满面，嘴唇发颤，说话困难。

阶梯会场里坐满了人，我带着她一起在这群人面前完成了整个过程，总共花了1小时15分钟。最后，这位年轻女士的内心充满了感激，同时她还感受到了祖母的爱与存在。

我说：“现在尽你所能去看一下自己是否还能够触及那份悲伤。”

“我不能。”她的表情变了，呈现出平静平和的神情。

有人问：“这会持续多长时间？”

我说，“对于信者而言，无须证明；对于不信者而言，无法证明。我可以把时间浪费在辩论上，但为什么你不从现在开始继续关注这个女孩子一周、一月、一年，然后再做出你自己的判断呢？她是一个人，她可以告诉你她正在经历些什么。”

后记

韧性之旅

AFTERWORD

本书已经带着我们走了很长的路程。我们已经看了许多关于韧性是什么，以及如何让自己变得更加坚韧的内容。

我们已经知道增强韧性的最重要的方式就是依照你自己的最高价值观去生活，而非你父母的、配偶的或者社会的最高价值观去生活。当我们按照自己的最高价值观去生活时，大脑里较高级的那一部分就会运行起来，帮我们控制住困难的局面，使我们重获安宁。

我们已经知道如何消除自己潜意识里的意图。这些意图往往是恢复生命力、取得进步、实现自己最在乎的目标的障碍。我们甚至还知道了（被我称为）“和谐一致”的生活状态会怎样重塑和修复我们的神经系统。

正如我们看见的那样，韧性与面对和克服人生中那些让人分心的幻想以及重大挫折有着巨大的关系。有时候，那些看起来最大的提升或打击、幸运或不幸，却包含着最优秀、最真实的福音种子。我们甚至可以利用病症来调整自己，让自己达到完整、平衡的状态。

摆脱抑郁、疏导焦虑和走出悲痛的关键点就在于了解人类心理和生理的内在平衡机制；这个机制主宰着我们的人生——没有不包含消极的积极，也没有不包含积极的消极。抑郁和焦虑往往是只关注一面而否认另一面所导致的结果。

有一些简单、明确的方法可以帮助人们摆脱这些迷惑人的困境，增强他们的韧性——偶尔还会产生一些有时候看起来似乎不可思议的结果。我向你承诺，这些都是你能用得上的工具。

顺便说一下，倘若你想现场感受德马蒂尼疗法，观察它的效果和力量，请考虑参加我的“突破自我”研讨会。假使你想掌握这个疗法，请加入我的德马蒂尼疗法训练营，任何想要学习如何准确使用这一疗法的人都可以参加。如果你是一名咨询师、教练、心理治疗师或任何帮助人们处理迷恋、怨恨、骄傲、羞耻、失落、悲伤或丧亲之痛的人，请考虑参加这个训练营，因为那时，在帮助他人使用此方法的这件事上，我们可以协力同行。